Pathik Shah
Bonali Dey
Dipsankar Maiti

Utilização de PP usado para o fabrico de biocompósitos com fibra de areca

Pathik Shah
Bonali Dey
Dipsankar Maiti

Utilização de PP usado para o fabrico de biocompósitos com fibra de areca

ScienciaScripts

ÍNDICE DE CONTEÚDOS

LISTA DE ABREVIATURAS E SÍMBOLOS

1. ASTM   American Society for Testing and Materials
2. Bnl   Betel-Nut Leaf-sheath Fibre (Raw)
3. DSC   Differential scanning calorimetry
4. FTIR   Fourier-transform infrared spectroscopy
5. ALF   Alkali treated fibre
6. UT   Untreated fibre (only alkaline treated)
7. TM   Silane treated fibre followed by alkaline pretreatment
8. CO_2 Carbon dioxide
9. M_n Molecular weight
10. T_g Glass transition temperature
11. T_m Melting temperature
12. VTMO Vinyltriymethoxy silane
13. T_c Crystallization temperature
14. T_d Decomposition temperature
15. ΔH_m Melting Enthalpy
16. ΔH_c Heat of Crystallisation
17. ΔH_m° Heat of fusion of an ideally crystalline material
18. MPa   Mega Pascal
19. N/mm^2 Newton per millimeter square

Utilização de Polipropileno Reciclado para Produção de Eco-Compósito Reforçado com Fibra de Areca

Resumo:

A modificação da interface da fibra da bainha da folha da noz de bétel foi efectuada por NaOH e agente de acoplamento de silano. As fibras quimicamente tratadas (alcalina e silano) são analisadas por FT-IR. A incorporação destas biofibras com polipropileno reciclado (5-20%wt de fibra) foi efectuada por extrusora de parafuso duplo. Os provetes padrão foram preparados por moldagem por injeção. As características mecânicas e térmicas dos sistemas de mistura foram estudadas para avaliar o efeito do teor de fibras tratadas quimicamente no polipropileno reciclado. Verificou-se que, enquanto a resistência à tração e o alongamento diminuem, o módulo de tração aumenta com o teor de fibras tratadas quimicamente. Existe uma boa dispersão de ambos os tipos de materiais de fibras tratadas na matriz de PP reciclado, o que resulta numa expansão da sua utilização em áreas de aplicação mais diversas e tecnicamente exigentes. A biodegradabilidade (teste de enterramento no solo) e as propriedades do compósito verde também foram testadas. O resultado sugere que estes eco-compósitos são moderadamente biodegradáveis. Este trabalho de investigação procura fornecer a utilização de pp reciclado com material renovável não alimentar e considerar os benefícios ambientais e económicos dos materiais.

Palavras-chave: Biocompósitos, Resistência Mecânica, Polipropileno Reciclado, Mercerização e Silanização

Capítulo 1 INTRODUÇÃO

1.1 Antecedentes

Nas últimas décadas, a investigação sobre materiais renováveis provenientes de recursos sustentáveis tem sido cada vez mais desenvolvida para uma variedade de aplicações. Este facto tem sido influenciado pela procura crescente de materiais mais recentes, mais fortes, mais rígidos, recicláveis, repelentes de fogo, menos dispendiosos e ainda assim mais leves em domínios como as indústrias aeroespacial, dos transportes, da construção e das embalagens. Factores como o aumento das preocupações ambientais e de saúde, a necessidade de soluções de gestão de resíduos, métodos de fabrico mais sustentáveis e a redução do consumo de energia são razões para a necessidade de substituir os compósitos convencionais (fibras de vidro, carbono e sintéticas). Por conseguinte, componentes materiais como as fibras naturais e os polímeros biodegradáveis podem ser considerados como alternativas para o desenvolvimento de novos compósitos biodegradáveis ou bio-compósitos. [1-5]

A persistência dos plásticos no ambiente, a escassez de espaço nos aterros sanitários, as preocupações com as emissões resultantes da incineração e os perigos para a saúde humana, bem como os perigos para os animais, aves e peixes decorrentes do aprisionamento ou ingestão destes materiais, estimularam os esforços para encontrar materiais alternativos mais amigos do ambiente. A utilização de fibras naturais no circuito de materiais compósitos é omnipresente, uma vez que se tornam frutíferas devido às suas qualidades inatas, tais como lignocelulose, renováveis e biodegradáveis[2]. A utilização de fibras aumentou devido aos seus produtos diversificados e de valor acrescentado, tais como estofos, mobiliário, artigos decorativos e secundários. Devido à sua facilidade de utilização, estas fibras deram um passo em frente ao tornarem-se substitutos dos seus homólogos sintéticos. Por conseguinte, a procura de fibras naturais irá aumentar de dia para dia nos próximos anos. Apesar das vantagens, as fibras naturais têm uma natureza hidrofílica, uma vez que são derivadas da lignocelulose, que contém grupos hidroxilo fortemente polarizados[3]. Estas fibras são, por isso, inerentemente incompatíveis com termoplásticos hidrofóbicos, como o polipropileno reciclado; a principal dificuldade com a utilização de fibras naturais surge devido à adesão inadequada à matriz polimérica hidrofóbica e à formação de aglomerados durante o processamento. Este facto resultou numa procura crescente para melhorar a adesão entre a fibra e a matriz através da modificação da fibra e/ou da matriz polimérica utilizando métodos químicos. A modificação da fibra inclui a mercerização e a silanização para melhorar a interação da superfície com a matriz polimérica. [4.5]

1.2 Bio-compósitos a partir de recursos renováveis

Os biocompósitos são materiais compostos que incluem polímeros biodegradáveis como material de matriz e cargas biodegradáveis, geralmente biofibras (por exemplo, fibras de lignocelulose). As fibras naturais, como o algodão, o linho, o cânhamo, o kenaf, etc., ou as fibras de madeira reciclada ou de resíduos de papel, ou ainda os subprodutos de culturas alimentares, são exemplos utilizados para a produção de materiais biocompósitos[4].

Em contraste com os compósitos de polímeros sintéticos, os compósitos biológicos têm matrizes poliméricas idealmente derivadas de recursos renováveis, como óleos vegetais ou amidos[6]. As matrizes poliméricas de recursos renováveis estão a tornar-se alternativas atractivas, devido à sua abundância, disponibilidade, capacidade de renovação e custo relativamente baixo. Foram utilizados vários polímeros biodegradáveis para a matriz, tais como poliésteres (polihidroxibutirato (PHB)) ou amido (polissacáridos). A incorporação de biopolímeros com fibras naturais é uma solução promissora para substituir os compósitos convencionais, uma vez que estes são amigos do ambiente [7]

As matrizes biodegradáveis estão disponíveis comercialmente em grande número e apresentam uma vasta gama de propriedades. Atualmente, podem competir com as matrizes não biodegradáveis em diferentes domínios industriais (embalagens, produtos agrícolas e cutelaria). Nesta vasta gama incluem-se também as fibras à base de lignocelulose utilizadas como cargas biodegradáveis. Estas propriedades atractivas também motivam cada vez mais sectores industriais (por exemplo, peças estruturais e automóveis, materiais de construção) a substituir as fibras de vidro habitualmente utilizadas por fibras naturais, uma vez que estas são de baixo custo e se espera que os compósitos feitos a partir delas sejam leves. Com o seu carácter amigo do ambiente e algumas vantagens económicas, a investigação de materiais biocompósitos tem sido não só um desafio para os cientistas de materiais, mas a sua utilização tem sido também uma importante fonte de oportunidades para melhorar o nível de vida das pessoas em todo o mundo.

Os materiais biocompósitos oferecem uma vantagem competitiva sobre os compósitos de reforço de vidro em muitas aplicações. Podem contribuir para a melhoria económica, tais como novas actividades agrícolas e questões ambientais. Várias questões críticas relacionadas com as biofibras são:

(i)   Tratamento de superfície para o tornar um material de enchimento de reforço adequado para aplicação em compósitos[9].

(ii)   As suas propriedades hidrofílicas, que podem afetar as propriedades do material biocomposto[9].

(iii) O desenvolvimento de técnicas de transformação adequadas, em função do tipo de fibra (cortada, não tecida/tecido, fio).

1.2.1 Vantagens e inconvenientes da utilização de bio-compósitos

As vantagens das fibras naturais em relação a outros materiais de reforço, como a fibra de vidro, são o seu baixo custo, a baixa densidade, as propriedades de resistência específica aceitáveis, a recuperação de energia melhorada e a biodegradabilidade. Embora estes compósitos verdes não sejam tão resistentes como os compósitos tradicionais reforçados com fibra de vidro,[10] as propriedades mecânicas moderadas são adequadas para aplicações em produtos de consumo não duráveis e materiais de embalagem. Além disso, a estrutura tubular oca das fibras naturais reduz a sua densidade aparente. Por conseguinte, espera-se que os biocompósitos feitos a partir destas fibras sejam leves. Foram realizados vários estudos para melhorar e otimizar o desempenho dos biocompósitos ou dos materiais biodegradáveis [11-13]

A utilização e produção de materiais biocompósitos tem crescido muito e tem trazido vantagens positivas para os sectores industrial e de fabrico em relação às fibras de reforço tradicionais como o vidro. No entanto, o principal inconveniente das fibras naturais é o facto de a sua propriedade hidrofílica reduzir a sua compatibilidade com a matriz polimérica hidrofóbica durante o fabrico do compósito[12], pelo que a fraca adesão fibra-matriz provoca uma redução das propriedades mecânicas. Por conseguinte, é necessário melhorar as propriedades mecânicas e outras dos compósitos biológicos através da introdução de tratamentos químicos nas fibras naturais. Outra desvantagem são as baixas temperaturas de processamento que devem ser utilizadas devido à possibilidade de degradação térmica da fibra, o que pode afetar as propriedades do biocompósito.

1.2.2 Aplicações de materiais de base biológica

Os trabalhos recentes sobre biocompósitos revelam que, na maioria dos casos, as propriedades mecânicas específicas dos biocompósitos são comparáveis às dos plásticos reforçados com fibra de vidro amplamente utilizados. Várias estruturas complexas, ou seja, tubos, placas em sanduíche e painéis interiores de portas de automóveis, foram fabricadas a partir de biocompósitos. Os materiais à base de amido e de fibras recicladas são atualmente utilizados na indústria de embalagens para caixas e outros suportes de embalagem rígidos [13]. A utilização de fibras naturais como reforço tem crescido significativamente nas indústrias automóvel e aeroespacial. Este facto deve-se à estrutura oca das fibras naturais, que proporciona uma melhor propriedade de isolamento contra o ruído e o calor [14]. Estes compósitos biológicos reforçados com fibras são sobretudo utilizados nos painéis das portas ou do teto e nos painéis que separam o motor do compartimento dos passageiros. São normalmente aplicados em peças interiores moldadas, porque estes componentes não necessitam de capacidade de carga, mas a estabilidade dimensional é importante. Os veículos de base biológica são mais leves, o que os torna uma escolha mais económica para os consumidores. Reduzem o custo do combustível.

Apresentam uma fratura não quebradiça favorável ao impacto, o que é um requisito importante no compartimento dos passageiros. Para além dos componentes para a conceção do interior dos veículos automóveis, os revestimentos dos vagões ferroviários ou dos aviões já foram realizados, pelo que também é importante que estes compósitos sejam resistentes ao fogo. Por conseguinte, os estudos que visam a modificação de compósitos biológicos com retardadores de chama para lhes conferir boas propriedades térmicas fazem parte das actividades de investigação actuais.

1.2.3 Objectivos

Considera-se que as fibras naturais têm uma utilização potencial como agentes de reforço em materiais compósitos poliméricos devido às suas principais vantagens: resistência e rigidez moderadas, baixo custo e o facto de serem um material amigo do ambiente, biodegradável e renovável. A utilização de fibras aumentou devido aos seus produtos diversificados e de valor acrescentado, tais como estofos, mobiliário, artigos decorativos e vestuário secundário. Devido à sua facilidade de utilização, estas fibras deram um passo em frente, substituindo os seus homólogos sintéticos. Por conseguinte, a procura de fibras naturais irá aumentar de dia para dia nos próximos anos. Foi efectuado um estudo para avaliar as propriedades do biocompósito utilizando polipropileno reciclado reforçado com fibra da bainha da folha de Areca Catechu.

A principal perspetiva deste estudo é converter um resíduo num valor e utilizá-lo através do reforço de um plástico sintético reciclado. Este estudo procura determinar as propriedades físicas e mecânicas dos compósitos de areca. Uma melhor compreensão ajudará a desenvolver usos produtivos para o biocompósito, mitigando os problemas ambientais da biomassa residual e desenvolvendo um material alternativo à madeira.

O objetivo geral deste estudo foi investigar as propriedades térmicas e de reforço da fibra natural modificada (bainha da folha de Areca Catechu) introduzida numa matriz (polipropileno reciclado). A fibra natural foi modificada por tratamento alcalino seguido de acoplamento de silano. As razões para aplicar o tratamento alcalino na superfície da fibra foram:

(i) Para distribuir as ligações de hidrogénio na estrutura da rede, aumentando assim a rugosidade da superfície,

(ii) Para remover uma certa quantidade de lenhina, cera e óleos naturais que cobrem a superfície externa da parede da fibra, e

(iii) Para despolimerizar e expor os cristalitos de comprimento curto.

A adesão entre a fibra natural e a matriz polimérica pode ser aumentada através da modificação da superfície da fibra. O tratamento químico através da remoção de resíduos orgânicos da superfície da fibra também pode aumentar a aderência, porque a superfície da fibra natural tem uma estrutura grosseira e, assim, permite um mecanismo de interação com a matriz.

As amostras foram caracterizadas por Calorimetria Exploratória Diferencial (DSC), Ensaio de Tração, Ensaio de Flexão, Ensaio de Compressão, Ensaio de Impacto, Ensaio de Biodegradabilidade (Ensaio de Enterramento no Solo). A fibra é caracterizada utilizando a análise de espetroscopia de infravermelhos com transformada de Fourier (FTIR) para observar a alteração da sua estrutura após e antes da alcalinização (NaOH 1N) e do silano (Vinil Tri-Metoxi Silano).

O desenvolvimento de material compósito reforçado com fibras de noz de bétel como substituto do plástico sintético oferece três vantagens principais:

1. Utilização de uma oferta abundante de fibras de noz de bétel, proporcionando assim benefícios económicos às populações rurais pobres.

2. Reduzir a atual dependência de recursos não renováveis 3. Reduzir os resíduos de plástico e as substâncias nocivas associadas ao processo de incineração de plásticos.

O outro objetivo desta pesquisa foi investigar o desempenho mecânico (tração, flexão e impacto) de compósitos de PP reciclado preenchidos com fibra curta de noz de bétel (Areca catechu) (Bnl) em diferentes composições (5, 10, 15, 20wt%), usando a técnica de extrusão e moldagem por injeção.

Capítulo 2 REVISÃO DA LITERATURA

2.1 Introdução

A incorporação de fibras naturais em polímeros biodegradáveis tem sido objeto de interesse em muitos domínios de investigação. Este facto deve-se à sua capacidade de substituir os compósitos convencionais e de serem facilmente eliminados do ambiente. O principal objetivo do fabrico destes materiais é a obtenção de propriedades superiores ou importantes em comparação com as dos componentes individuais. Os compósitos biológicos de copoliésteres reforçados com fibras naturais apresentam propriedades interessantes devido à melhoria da compatibilidade entre o material de enchimento e a matriz. O trabalho de investigação realizado sobre os biocompósitos incide principalmente na comparação entre compósitos de fibras não tratadas e tratadas. Os aspectos mais importantes deste trabalho de investigação serão resumidos no resto deste capítulo. **2.2 Fibras naturais**

2.1.1 Estrutura e propriedades das fibras da bainha da folha de Areca

Nos últimos anos, os compósitos poliméricos contendo fibras naturais têm recebido uma atenção considerável, tanto na literatura como na indústria. O interesse crescente na utilização de fibras naturais como reforço de compósitos à base de polímeros deve-se principalmente à sua origem abundante e renovável, à sua resistência e módulo específicos relativamente elevados, ao seu peso leve, à sua ausência de riscos e à sua biodegradabilidade [16, 17]. Na última década, as fibras naturais têm sido utilizadas como um recurso potencial para o fabrico de materiais compósitos de baixo custo, principalmente em países tropicais onde estas fibras são abundantes [17]. É necessário compreender melhor a composição química e a ligação adesiva superficial das fibras naturais para desenvolver compósitos reforçados com fibras naturais. As fibras naturais são constituídas por celulose, hemicelulose, lenhina, pectina, gordura, cera e substâncias solúveis em água [18]. Estas composições podem diferir consoante os métodos de ensaio e as condições de crescimento, mesmo para o mesmo tipo de fibra. A celulose é o principal componente das fibras naturais. Trata-se de um polímero de condensação linear constituído por unidades de D-anidro-glucopiranose unidas por uma ligação β⁻ 1, 4-glucosídica. (Figura 2.1). A estrutura global da celulose é constituída por regiões cristalinas e amorfas. As propriedades mecânicas das fibras naturais dependem do teor de celulose na fibra, [19] do grau de polimerização da celulose e do ângulo das microfibrilas.

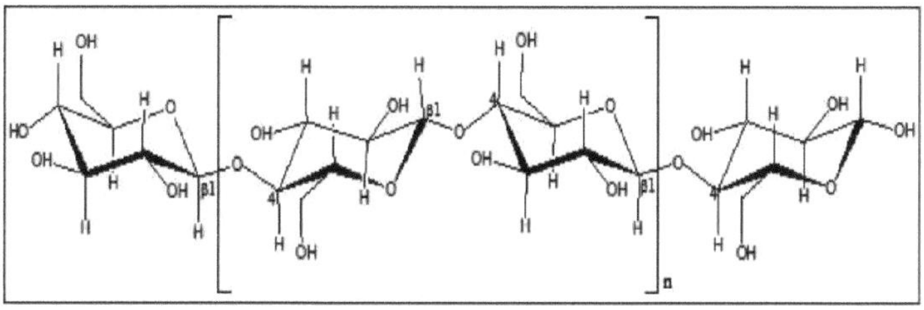

Figura 2.1 Estrutura molecular da celulose

As hemiceluloses são polissacáridos e diferem da celulose pelo facto de serem constituídas por várias moléculas de açúcar, na sua maioria ramificadas, e terem um peso molecular significativamente inferior

com um grau de polimerização (DP) de 50-200. Estes açúcares incluem a glucose, mas também outros monómeros como a galactose, a manose, a xilose e a arabinose (Figura 2.2). A hemicelulose é parcialmente solúvel em água e hidroscópica devido à sua estrutura aberta que contém grupos hidroxilo e acetilo

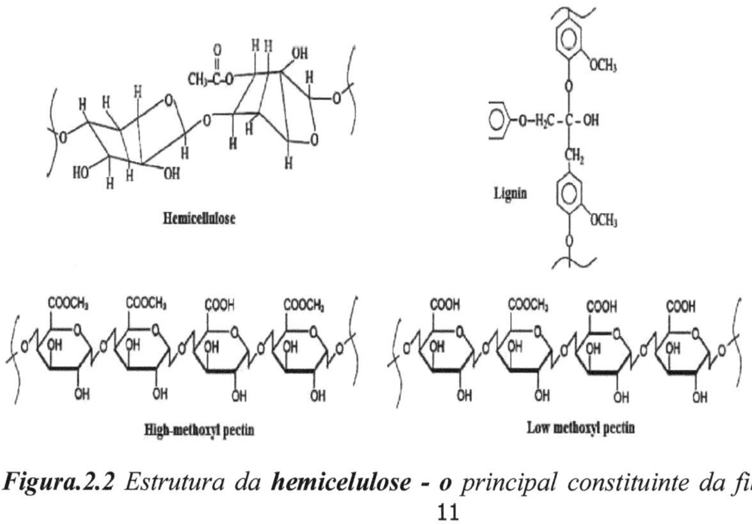

Figura.2.2 Estrutura da hemicelulose - o principal constituinte da fibra de areca,

lignina - a *parte constituinte de ligação, e* ***pectina*** *com alto e baixo teor de grupos metoxi.*

A lenhina é um polifenol ramificado aleatoriamente, constituído por unidades de fenil-propano (C9) e é o polímero mais complexo entre os materiais de elevado peso molecular que ocorrem naturalmente. Devido ao seu carácter lipofílico, a lenhina diminui a permeação de água através das paredes celulares, que consistem em fibras de celulose e hemiceluloses amorfas, ajudando assim o transporte de soluções aquosas de nutrientes e metabolitos no tecido condutor do xilema. A lenhina confere rigidez às paredes celulares e funciona em conjunto com as hemiceluloses para ligar as células nas partes lenhosas das plantas, gerando uma estrutura composta com uma resistência e elasticidade excepcionais. No entanto, os materiais lenhificados resistem eficazmente aos ataques de microrganismos, impedindo a penetração de enzimas destrutivas nas paredes celulares.

As fibras lignocelulósicas são degradadas biologicamente por organismos capazes de reconhecer os polímeros de hidratos de carbono, principalmente a hemicelulose da parede celular. Estes organismos possuem sistemas enzimáticos muito específicos capazes de hidrolisar estes polímeros em unidades digeríveis. O processo de degradação depende da forma como os componentes lenhinocelulósicos interagem em diferentes condições de degradação[20]. [20] A biodegradação da celulose de alto peso molecular enfraquece a parede celular lignocelulósica porque a celulose cristalina é a principal responsável pela resistência da lignocelulose. [20, 21].

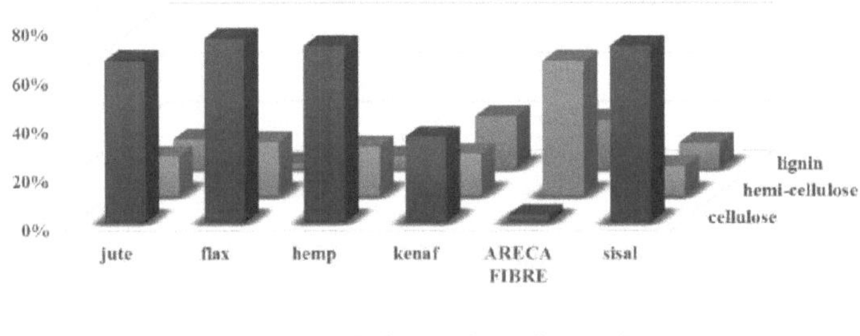

Figura. 2.3 ***Composição da Fibra de Areca***

12

As fibras naturais possuem propriedades desejáveis, tais como elevada resistência específica, facilidade de separação, maior recuperação de energia, elevada tenacidade, natureza não corrosiva, baixa densidade, baixo custo, boas propriedades térmicas e biodegradabilidade. No entanto, a maioria das fibras de celulose tem baixas temperaturas de degradação (~200 °C), [21] o que as torna inadequadas para o processamento com termoplásticos acima de 200 °C. A sua elevada absorção de humidade e a sua tendência para formar agregados durante o processamento representam alguns dos inconvenientes relacionados com a sua utilização em compósitos de fibras de celulose. O comportamento e as propriedades destas fibras dependem de muitos factores, como o período de colheita, a variabilidade meteorológica, a qualidade do solo e o clima da localização geográfica específica[22]. Desenvolvimentos recentes mostraram que é possível melhorar as propriedades mecânicas dos compósitos reforçados com fibras de celulose através de modificações químicas que podem promover uma boa adesão entre o polímero e as fibras[23].

2.1.2 Modificação da superfície de fibras naturais

O material da bainha da folha de Areca Catechu compreende, com base no peso total da bainha, 30-70 w/w%, em particular 35-65 w/w% de hemicelulose e 10-30w/w%, em particular 13-25 w/w% de lignina, e é substancialmente livre de celulose (isto é, menos de 5 w/w%, de preferência menos de 1   w/w%). Em contraste com a celulose,

A hemicelulose tem cadeias de açúcar ramificadas bastante curtas de 500-3000 unidades, compreendendo os açúcares glucose, xilose, manose, galactose, ramnose e arabinose [14]. Acredita-se que a estrutura ramificada das hemiceluloses contribui significativamente para a capacidade da hemicelulose de se polimerizar a partir da fusão. A celulose é composta apenas por grandes cadeias lineares de 7000^{-1} 5.000 moléculas de glucose. Por conseguinte, a celulose não é capaz de polimerizar, mas pode ser utilizada como material de enchimento ou de reforço. [15].

Os tratamentos alcalinos, à semelhança de outras fibras lignocelulósicas, induziram variações nas propriedades físico-químicas das fibras de henequen. Valadez et al. usando [18] FTIR e TGA apontaram que estas fibras lignocelulósicas podem sofrer uma perda de peso significativa devido à dissolução parcial de hemicelulose, lignina e pectina. Eles identificaram claramente que a banda em torno de 1700 cm^{-1} , correspondente à hemicelulose, desaparece quando a fibra é tratada por uma solução aquosa diluída de NaOH.

2.1.2.1 Tratamento alcalino

O tratamento alcalino ou mercerização é um dos tratamentos químicos mais utilizados nas fibras naturais quando utilizadas para reforçar termoplásticos e termoendurecíveis[12]. A modificação importante feita pelo tratamento alcalino é a rutura da ligação de hidrogénio na estrutura da rede, aumentando assim a rugosidade da superfície. Este tratamento remove uma certa quantidade de lignina, cera e óleos que cobrem a superfície externa da parede celular da fibra [11], despolimeriza a celulose e expõe os cristalitos de comprimento curto. A adição de hidróxido de sódio aquoso (NaOH) à fibra natural promove a ionização do grupo hidroxilo para o alcóxido:

$$Fiber - OH + NaOH \rightarrow Fiber - O - Na + H_2O$$

Assim, o tratamento alcalino influencia diretamente a fibrila celulósica, o grau de polimerização e a extração de lenhina e de compostos hemicelulósicos. No tratamento alcalino, as fibras são imersas numa solução de NaOH durante um determinado período de tempo. Ray et al. e Mishra et al. trataram fibras de juta e de sisal com uma solução aquosa de NaOH a 5% durante 2 h até 72 h à temperatura ambiente. Estes investigadores observaram que o álcali levou a um aumento do teor de celulose amorfa em detrimento da celulose cristalina.

É relatado que o tratamento alcalino tem dois efeitos sobre a fibra: (1) Aumenta a rugosidade da superfície, resultando numa melhor interação mecânica. [9, 17]

(2) Aumenta a quantidade de celulose exposta na superfície da fibra, aumentando assim o número de possíveis locais de reação. [13, 15]

Em primeiro lugar, as fibras de areca foram tratadas numa solução de hidróxido de sódio (NaOH) a 4 % em peso. Isto deve-se ao facto de, com uma concentração alcalina mais elevada, ocorrer uma deslenhificação excessiva da fibra natural, resultando numa fibra mais fraca ou danificada. Consequentemente, o tratamento alcalino tem um efeito duradouro no comportamento mecânico das fibras de linho, especialmente na resistência e rigidez das fibras [26]. Van de Weyenberg et al. [24] relataram que o tratamento alcalino proporcionou um aumento de até 30% nas propriedades de tração (resistência e módulo) para compósitos de fibra de linho-epóxi e coincidiu com a remoção da pectina. O tratamento alcalino também melhorou significativamente os comportamentos mecânicos, de fadiga por impacto e mecânicos dinâmicos dos compósitos reforçados com fibras [23, 30 e 31]. Jacob et al. [31] examinaram o efeito da concentração de NaOH (0,5, 1, 2, 4 e 10%) no tratamento de compósitos reforçados com fibras de sisal e concluíram que a resistência máxima à tração resultou do tratamento com 4% de NaOH à temperatura ambiente. Mishra et al. [32] relataram que o compósito de poliéster reforçado com fibra de sisal tratado com 5% de NaOH tinha melhor resistência à tração do que os compósitos tratados com 10% de NaOH. Isto deve-se ao facto de, com uma concentração alcalina mais elevada, ocorrer uma deslenhificação excessiva da fibra natural, resultando numa fibra mais fraca ou danificada.

A resistência à tração do compósito diminuiu drasticamente após uma determinada concentração óptima de NaOH. A resistência à tração do compósito diminuiu drasticamente após uma determinada concentração óptima de NaOH. As fibras foram mantidas na solução alcalina durante 2 h a uma temperatura de 23°C; foram depois cuidadosamente lavadas em água corrente e neutralizadas com uma solução de ácido acético a 2%. Por fim, foram novamente lavadas em água corrente para eliminar os últimos vestígios de ácido aderentes, de modo a que o pH das fibras fosse aproximadamente 7 (neutro). De seguida, foram secas à temperatura ambiente durante 48 horas para obter fibras tratadas com álcali. Consequentemente, o tratamento alcalino tem um efeito duradouro no comportamento mecânico, especialmente na resistência e rigidez das fibras.

2.2.2.2 Tratamento com silano

O silano é um composto químico com a fórmula química SiH_4. Os silanos são utilizados como agentes de acoplamento para permitir que as fibras de vidro adiram a uma matriz polimérica, estabilizando o material compósito. Os agentes de acoplamento de silano podem reduzir o número de grupos hidroxilo da celulose na interface fibra-matriz. Na presença de humidade, o grupo alcoxi hidrolisável leva à formação de silanóis. O silanol reage então com o grupo hidroxilo da fibra, formando ligações covalentes estáveis com a parede celular que são quimicamente absorvidas na superfície da fibra[18]. Por conseguinte, as cadeias de hidrocarbonetos fornecidas pela aplicação de silano restringem o inchaço da fibra, criando uma rede reticulada devido à ligação covalente entre a matriz e a fibra. Os esquemas de reação são os seguintes

$$CH_2CHSi\,(OCH_3)_3 + H_2O \rightarrow CH_2CHSi\,(OH)_3 + 3CH_3OH$$

$$CH_2CHSi\,(OH)_3 + Fiber\,-OH \rightarrow CH_2CHSi\,(OH)_2O\,-Fiber\,+H_2O$$

A fibra foi pré-tratada com NaOH a 4% durante cerca de meia hora, a fim de ativar os grupos -OH da celulose [19] e da lenhina na fibra. A fibra foi então lavada várias vezes com água e finalmente seca. 1% do vinil-trimetoxi silano foi misturado com uma mistura de etanol/água na proporção de 6:4 e deixou-se repousar durante uma hora [16]. O pH da solução foi cuidadosamente controlado para provocar a hidrólise completa do silano através da adição de ácido acético. As fibras foram mergulhadas na solução acima referida e deixadas em repouso durante uma hora e meia. A mistura etanol/água foi drenada e a fibra foi lavada com água. O silano utilizado neste trabalho tem dois grupos funcionais, um grupo hidrolisável que pode condensar com as hidroxilas da fibra de areca e um grupo organo-funcional capaz de interagir com a matriz[20]. O silano hidrolisado pode sofrer a fase de condensação e formação de ligações quando influenciado por mecanismos catalisados por ácidos ou bases[21]. [21] Para além destas reacções, os silanóis podem condensar-se para dar polissiloxanos. [22] .

Os grupos silanol estão quimicamente ligados à fibra através de uma ligação éster.

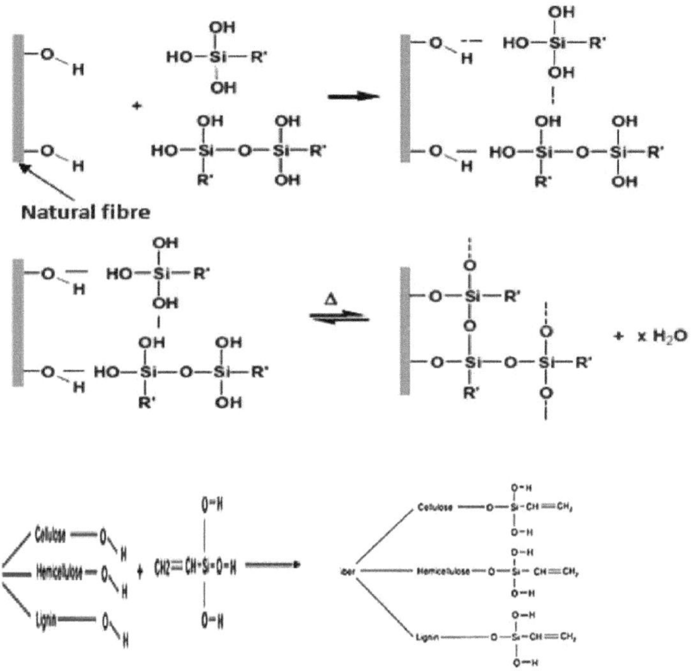

Fig 2.4. *Efeito do tratamento com silano na estrutura química dos constituintes das fibras naturais*

Verificou-se que a interação entre a fibra modificada com agente de acoplamento de silano e a matriz era muito mais forte do que a do tratamento alcalino, o que levou a compósitos com maior resistência à tração a partir da fibra tratada com silano do que da fibra tratada com alcalino. A estabilidade térmica dos compósitos também foi melhorada após o tratamento com silano.

Os espectros na gama de 1600-600 cm^{-1} , para UT & TM e os seus espectros de subtração são apresentados na Fig. 4.1. São apresentados na Tabela 4.1. As bandas largas e intensas em torno de 2200 foram atribuídas ao estiramento da -Si-O-celulose e as bandas de absorção a 700 e 765 cm^{-1} , foram atribuídas às ligações -Si-O-Si- [18,19,25]. Deve notar-se que a intensidade destas bandas foi mais evidente após a cura a 120°C, sugerindo que tanto o enxerto de silano na celulose como a condensação intermolecular entre grupos adsorvidos adjacentes -Si-OH foram substancialmente melhorados. Os picos perto de 1060 cm^{-1} estão relacionados com grupos Si-etoxi-metoxi residuais não hidrolisados e a sua intensidade é pequena.

2.2.2.3 Propriedades mecânicas e termomecânicas do PP reciclado

Na era do "going green", é cada vez mais fácil reciclar. Um produto polimérico sustentável não pode ser aterrado, mas tem de ser reciclado. A reciclagem de polímeros é classificada em quatro categorias distintas, consoante o nível de conservação da estrutura química do polímero. A reciclagem de materiais poliméricos é praticada há muitos anos pelas indústrias sem grande rigor. A nova crise ambiental, económica e petrolífera levou a comunidade científica a ocupar-se do reprocessamento de polímeros e da sustentabilidade.

O polipropileno é um material económico que oferece uma combinação única de excelentes propriedades físicas, químicas, mecânicas, térmicas e eléctricas que não se encontra em nenhum outro termoplástico. Os homopolímeros comerciais são geralmente cerca de 9095% isotácticos, sendo as outras estruturas atácticas e sindiotácticas. Quanto maior for o grau de isotactilidade, maior será a cristalinidade e, por conseguinte, maior será o ponto de amolecimento, a rigidez, a resistência à tração, o módulo e a dureza. O PP tem uma densidade mais baixa (0,90 g/cm3) e um ponto de amolecimento mais elevado [23], o que lhe permite suportar água a ferver e muitas operações de esterilização a vapor. Tem um ponto de fragilidade mais elevado e parece estar isento de problemas de fissuração por tensão ambiental, exceto com ácido sulfúrico concentrado, ácido crómico e aquaregia.

Capítulo 3 PARTE EXPERIMENTAL

3.1 MATERIAIS:

3.1.1 Fibra de areca:

A árvore da noz de bétel, que cresce abundantemente na região oriental e setentrional da Índia, pertence cientificamente à espécie "Areca", designada por "Areca Catechu". A bainha da folha é basicamente um resíduo ou utilizada como combustível (recurso de fogo) nas zonas rurais. Utilizámos esta bainha de folha como recurso de enchimento para reforçar o plástico. Trata-se, de facto, de uma fonte abundante que pode ser utilizada para produzir um biocompósito rentável.

3.1.2 Produtos químicos utilizados:

Os produtos químicos utilizados são hidróxido de sódio (NaOH), álcool metílico (MeOH) e ácido acético (AcOH), agente de acoplamento de silano (vinil tri-metoxi-silano).

O hidróxido de sódio foi fornecido sob a forma de pellets pela **MERCK**. Era quimicamente puro (CP), com um teor de 99%, uma densidade de 2,13 $g.cm^{-3}$ e uma temperatura de fusão de 318 °C.

Um agente de acoplamento de silano de grau quimicamente puro (CP) **Vinil tri-metoxi silano** [$(OCH)_{3}SiCH=CH_{2}$] com o nome de grau *"VTMO"* com um ensaio de 99,8%, uma densidade de 1,064 $g.cm^{-3}$ e um ponto de ebulição de 123 °C , com um ponto de inflamação de 23 °C de peso molar 148,2 foi fornecido pela **EVONIK INDUSTRIES**, ALEMANHA

O ácido acético glacial é obtido a partir de **MERCK & FINAR CHEMICALS.**

3.2 Método de preparação do espécime

3.2.1 Tratamento alcalino

As fibras moídas com 2^{-1} 0 mm de comprimento são imersas num copo grande contendo uma solução de NaOH 1N (4%). Após 2 h, as fibras são lavadas cuidadosamente com água destilada contendo uma ligeira percentagem (2%) de ácido acético glacial. Depois de lavadas repetidamente com água destilada corrente, as fibras são secas ao ar durante 12 h e secas na estufa durante 24 h a 70°C.

3.2.2 Tratamento com silano

A fibra foi pré-tratada com NaOH a 4% durante cerca de meia hora, a fim de ativar os grupos -OH da celulose e da lenhina na fibra. A fibra foi então lavada várias vezes com água e finalmente seca. 1% do vinil-trimetoxi silano foi misturado com uma mistura de etanol/água na proporção de 6:4 e deixou-se repousar durante uma hora. O pH da solução foi cuidadosamente controlado para provocar a hidrólise completa do silano através da adição de ácido acético. Mergulharam-se as fibras na solução acima referida e deixou-se repousar durante uma hora e meia. A mistura etanol/água foi drenada e a fibra foi lavada com água. Em seguida, secou-se à temperatura ambiente durante duas horas, seguindo-se a secagem na estufa a uma temperatura de C durante horas.

3.2.3 Composição:

Em primeiro lugar, a fibra de Areca e o foi pré-condicionado no forno de ar quente à temperatura de 70 graus durante 24 horas e, em seguida, o PP reciclado e a fibra foram compostos utilizando a extrusora de parafuso duplo. Existem cinco zonas de temperatura na extrusora, desde a tremonha até à matriz: a fusão começa a partir da segunda zona. Foram definidas as seguintes temperaturas nas respectivas zonas: 180°C, 190°C, 205°C, 210°C, 225°C com a temperatura da matriz de 210°C. O fio fundido é então arrefecido por ventiladores e cortado em pellets utilizando uma máquina de peletização e depois deixado para arrefecer.

O composto é novamente seco no forno de ar quente a uma temperatura de 70 graus e, em seguida, para preparar os espécimes de ensaio para medir as propriedades mecânicas e as propriedades térmicas dos compósitos, foram moldados por injeção a 190°C , 200°C ,

Temperaturas de 210°C e 220°C nas zonas do cilindro da máquina de moldagem por injeção.

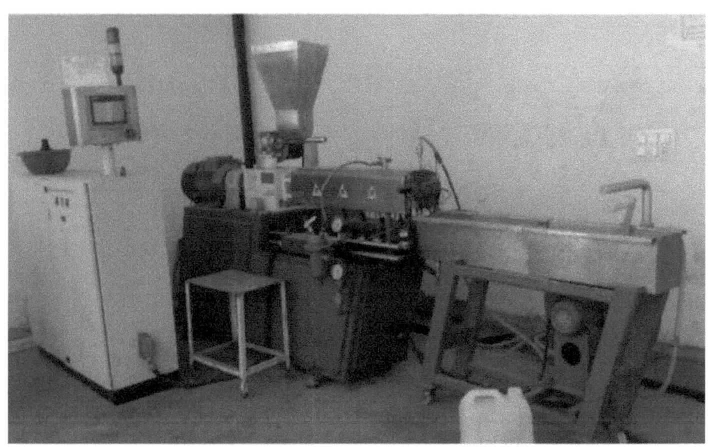

Figura 3.1 *Extrusora de parafuso duplo para composição*

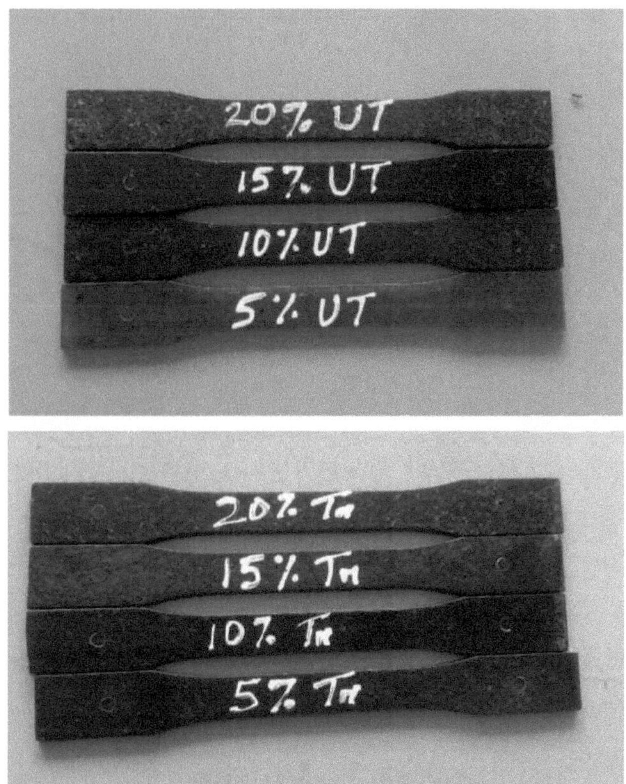

Figura 3.2 *Amostras de compósito com diferentes cargas.*

Tabela 3.1 *Preparação do lote*

Nome do lote	Carregamento PP	Carga de fibra Bnl	NaOH (1N) Tratamento (4%)	Tratamento com silano (2%)
Virgem	100 %	0%	-	
5 UT	95 %	5%	Sim	Não
10 UT	90 %	10%	Sim	Não
15 UT	85 %	15%	Sim	Não
20 UT	80 %	20%	Sim	Não
5 TM	95 %	5%	Sim	Sim
10 TM	90 %	10%	Sim	Sim
15 TM	85 %	15%	Sim	Sim
20 TM	80 %	20%	Sim	Sim

3.3 ANÁLISE MECÂNICA E TERMOMECÂNICA

3.3.1 Ensaio de tração (ASTM-D 638-08)

Um ensaio de tração mede a força necessária para quebrar um espécime e o grau em que o espécime se estica ou alonga até esse ponto de rutura. Produz uma curva tensão-deformação. Os seguintes cálculos podem ser efectuados a partir de resultados de ensaios de tração: resistência à tração (no limite de elasticidade e na rutura), módulo de tração, alongamento e percentagem de alongamento no limite de elasticidade, alongamento e percentagem de alongamento na rutura.

As propriedades de tração uniaxial (módulo, resistência à tração, alongamento na rutura) foram medidas à temperatura ambiente (~23 °C) com uma célula de carga de 10 kN num aparelho de ensaio de tração Instron Modelo 5866. A velocidade da cabeça transversal foi fixada em 01 mm/min para o compósito e 50 mm/min para as amostras de PP. Todas as amostras foram testadas depois de terem sido submetidas à temperatura ambiente e às condições atmosféricas durante uma semana. Foram testados vinte espécimes de cada amostra e os resultados médios foram comunicados. Os espécimes em forma de haltere utilizados neste método foram preparados de acordo com a norma ASTM-638-08. Para obter medições mais precisas, cada tamanho de amostra foi medido separadamente. Os parâmetros médios dos provetes são: espessura de 3,2 mm, largura de 12,7 mm e comprimento de 165 mm.

- **Fórmula e cálculo:**

$$(1) \quad \text{Tensile strength} = \frac{\text{Force (load) (N)}}{\text{Cross-section area of the specimen (mm}^2)}$$

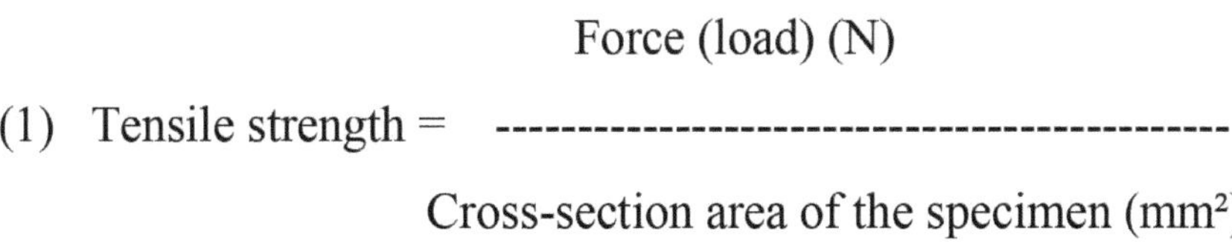
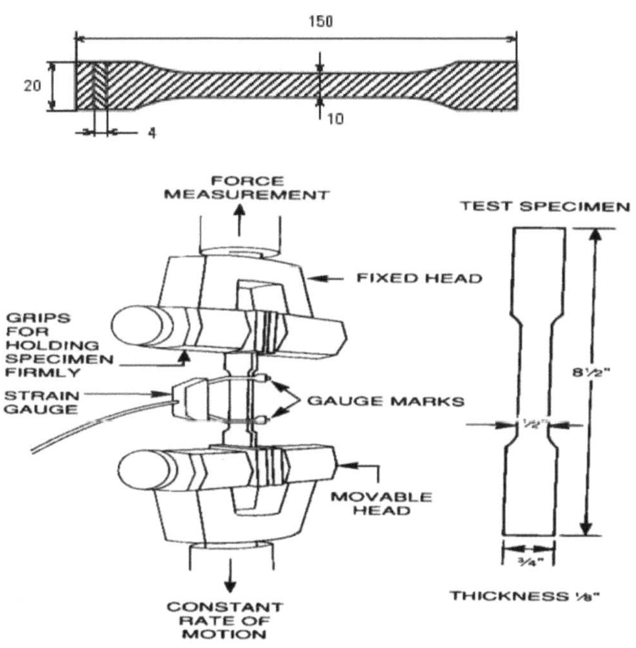

Figura 3.3 *Amostra de ensaio de tração e aparelho de ensaio*

Figura 3.4 *Aparelhos de ensaio de tração e flexão (máquina de ensaio universal)*

3.3.2 Ensaio de flexão (ASTM-D 790-07)

A resistência à flexão é a capacidade do material para suportar forças de flexão aplicadas perpendicularmente ao seu eixo longitudinal. As tensões induzidas devido à carga de flexão são uma combinação de tensões de compressão e de tração. A resistência à flexão é a medida de quão bem um material resiste à flexão ou "qual é a rigidez do material". Ao contrário da carga de tração, no ensaio de flexão toda a força é aplicada numa direção. A tensão induzida devido à carga de flexão é uma combinação de tensões de compressão e de tração. Útil na seleção do material plástico adequado para a conceção de uma peça necessária para aplicação estrutural.

- Fórmula e cálculo:

Resistência à flexão $S = 3PL \, / \, 2 \, bd^2$

Onde, S = tensão na fibra exterior a meio vão (Mpa)

p = carga num determinado ponto da curva de carga/deformação (v) L= viga de apoio (mm) b= largura da viga ensaiada (mm)

d = profundidade da viga ensaiada em (mm)

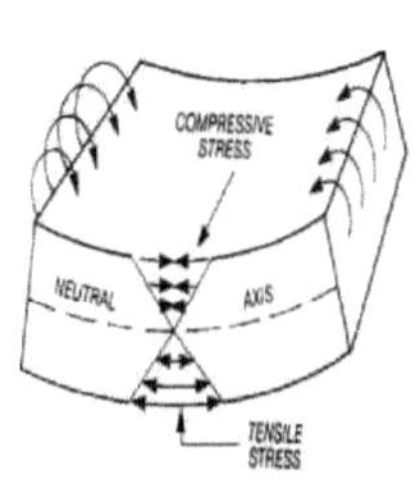
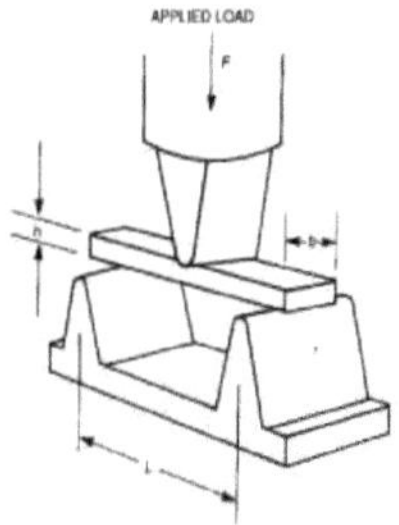

Figura 3.5 *Amostra de ensaio de flexão e montagem*

3.3.3. Resistência ao impacto (ASTM D256-06)

O ensaio de impacto é um método para determinar o comportamento de um material sujeito a uma carga de choque em flexão ou tensão. A quantidade normalmente medida é a energia absorvida na fracturação num único golpe. A resistência ao impacto de um material determina a tenacidade do material. A resistência ao impacto é uma das propriedades mecânicas importantes, que descreve a resistência a cargas de alta velocidade. Quanto maior for a energia de impacto, maior será a tenacidade do material e vice-versa. A área sob a curva tensão-deformação obtida no ensaio de tração é diretamente proporcional à tenacidade do material. Este ensaio é também utilizado para determinar a sensibilidade do material ao entalhe.

Método de ensaio: **ASTM D256-06:** Métodos de teste padrão para determinar a resistência ao impacto do pêndulo Izod de plásticos.

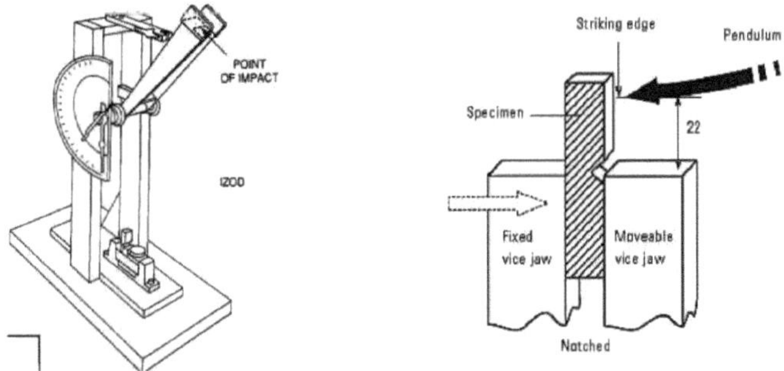

Figura 3.6 *Conjunto e provete do ensaio de impacto Izod*

<u>*- Fórmula e cálculo :*</u>

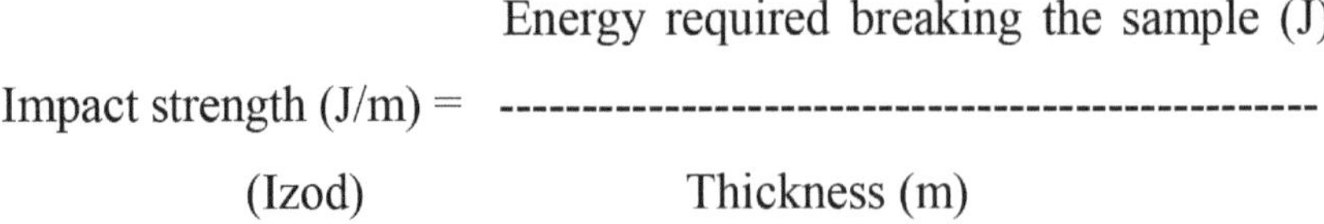

$$\text{Impact strength (J/m)} = \frac{\text{Energy required breaking the sample (J)}}{\text{Thickness (m)}}$$
(Izod)

3.3.4 Resistência à compressão (ASTM-D695-08)

A capacidade de um material resistir a forças que tendem a esmagar ou comprimir é designada por resistência à compressão. É expressa em N/mm^2 . A resistência à compressão é a carga máxima suportada por um provete num ensaio de compressão dividida pela área da secção transversal original do provete.

*   ***Método de ensaio***: **ASTM D695-08**: Método de teste padrão para propriedades de compressão de plásticos rígidos.

*   <u>***Fórmula e cálculo***</u> :

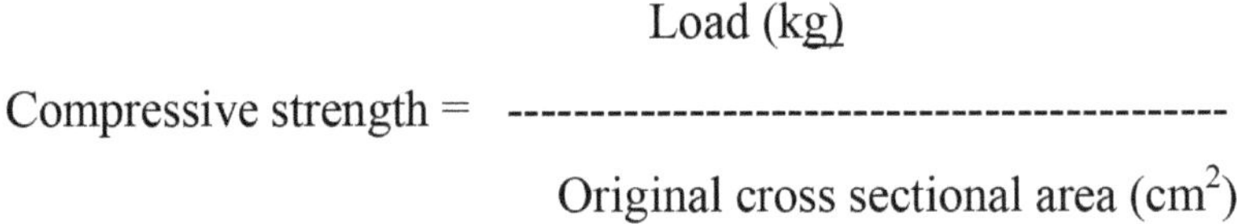

$$\text{Compressive strength} = \frac{\text{Load (kg)}}{\text{Original cross sectional area (cm}^2)}$$

3.3.5 Dureza Rockwell (ASTM D 785-08)

A dureza é uma propriedade de superfície importante. A dureza representa a resposta viscoelástica de um material. A dureza é definida como a resistência de um material à indentação, penetração, riscos, deformação e, em particular, à deformação permanente.

A dureza é um termo puramente relativo. A dureza dos materiais é impressa numa escala numérica, pelo que não tem unidade.

O ensaio de dureza Rockwell é mais comummente utilizado para plásticos relativamente duros. É definido como a resistência à indentação do indentador padrão. A dureza Rockwell mede o aumento líquido da profundidade da impressão à medida que a carga num indentador é aumentada de uma carga menor fixa para uma carga maior. A dureza Rockwell não é uma medida da indentação total, mas da indentação não recuperável depois de uma carga maior aplicada durante 15 segundos ser reduzida para uma carga menor de 10 kg durante 15 segundos. A dureza Rockwell é medida nas escalas R, L, M, E e K. A escala representa o tamanho do indentador, a carga principal e a escala do mostrador.

Figura 3.7 *Ferramenta de medição da dureza Rockwell*

Método de ensaio: **ASTM D785-08**: Método de ensaio normalizado para a dureza Rockwell de plásticos e materiais de isolamento elétrico.

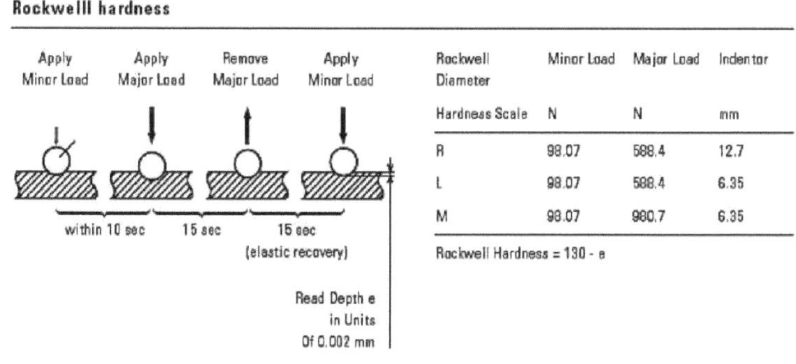

Figura 3.8 *Escala de dureza Rockwell com o diâmetro do indentador*

3.3.6 Calorimetria Exploratória Diferencial (DSC) (ASTM D3418-08)

A Calorimetria Exploratória Diferencial (DSC) é uma técnica termo-analítica em que a diferença na quantidade de calor necessária para aumentar a temperatura de uma amostra e de uma referência é medida em função da temperatura. Tanto a amostra como a referência são mantidas praticamente à mesma temperatura durante toda a experiência.

As aplicações típicas incluem a determinação da temperatura do ponto de fusão, calor de fusão, medição da temperatura de transição vítrea, estudos de cura e cristalização e identificação de transformações de fase.

***Método de ensaio*: ASTM D3418-08**: Método de ensaio padrão para temperaturas de transição e entalpias de fusão e cristalização de polímeros por DSC.

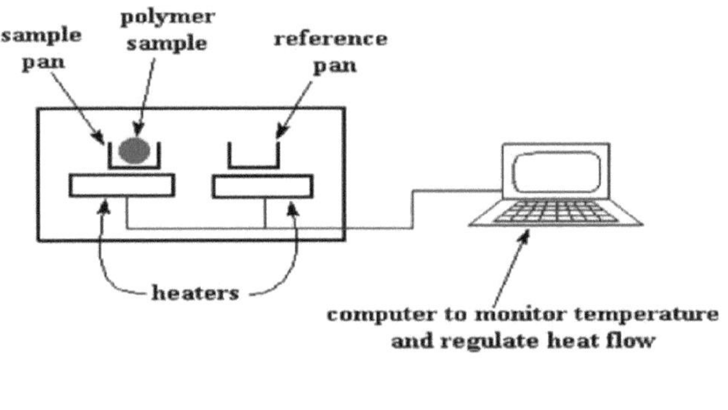

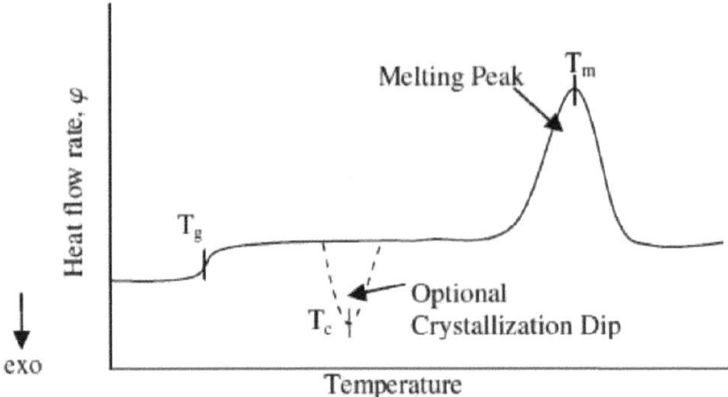

Figura 3.9 *Ferramenta de medição DSC e uma curva endotérmica DSC típica*

Uma série de informações cruciais relativas a alterações químicas e físicas podem ser obtidas através de estudos DSC, incluindo efeitos endotérmicos e exotérmicos, transições vítreas e alterações da capacidade térmica.

Pode também detetar a resposta térmica de uma amostra com temperaturas variáveis ou isotérmicas. É utilizado o mesmo perfil de temperatura para um recipiente de referência e para um material, e a variação do fluxo de calor é medida para cada recipiente. [27]. Quando o calor é absorvido de um material, as transições apresentam-se como picos endotérmicos. Se o calor sair do material, os picos exotérmicos aparecem durante o período de transição. [28-32].

Ao medir as diferenças de temperatura entre a amostra e o material de referência, a DSC calcula a quantidade de calor libertada ou absorvida quando ocorrem essas transições térmicas. [26].

3.3.7 Teste de biodegradabilidade (teste de enterramento no solo)

Foram estabelecidos e normalizados métodos de ensaio de enterramento no solo para testar a resistência dos plásticos aos microrganismos. O objetivo era avaliar a sua resistência no solo, e não a sua degradabilidade. O material de ensaio é enterrado em condições laboratoriais ou de campo. É efectuada uma avaliação visual dos materiais exumados e são também realizadas medições da perda de massa e da resistência à tração.

Os ensaios de enterramento do solo são utilizados para dar uma indicação da duração do material de ensaio num determinado solo, em determinadas condições.

- Enterramento em solo ao ar livre:

Aqui, as condições de exposição não são controladas: a temperatura, a precipitação, a humidade e a luz solar variam de dia para dia ao longo do ano.

A escolha do local pode afetar os resultados do ensaio. A caraterização e utilização de um local de ensaio habitual é importante para melhorar a reprodutibilidade e comparar diferentes materiais de ensaio. É também importante manter um registo das condições ambientais durante todos os ensaios.

3.3.8 Imersão em água (ASTM D 5229)

Foram utilizados espécimes em forma de haltere para a medição da absorção de água. Depois de serem secos no forno a 75°C durante 24 horas, os espécimes foram mantidos nos exsicadores à temperatura ambiente.

Figura 3.10 *As amostras em forma de haltere são mantidas imersas num copo com água*

Em seguida, os espécimes foram pesados antes de serem imersos em água destilada. A massa da amostra foi registada antes da imersão. As amostras foram periodicamente retiradas da água, secas à superfície com papel absorvente, novamente pesadas e imediatamente colocadas de novo na água. A absorção de água foi avaliada de acordo com a norma **ASTM D 5229.**

3.3.9 Análise ATR-FTIR

A espetroscopia de infravermelhos com transformada de Fourier (FTIR) é uma técnica analítica utilizada para identificar principalmente materiais orgânicos. A análise FTIR resulta em espectros de absorção que fornecem informações sobre as ligações químicas e a estrutura molecular de um material. A imagiologia FTIR foi efectuada no **Agilent Resolution PRO,** *série Cary 600.*

As fibras biocompósitas geradas foram também caracterizadas utilizando a espetroscopia de infravermelhos com transformada de Fourier (FTIR) para compreender a natureza da interação química entre o reforço da fibra e a matriz de PP. A utilização de um agente de acoplamento de silano como compatibilizador foi investigada em relação à microestrutura da fibra. Foram observadas alterações nos picos de absorção nos espectros FTIR das fibras biocompósitas em comparação com a fibra pura, o que indicou possíveis ligações químicas entre a fibra e a matriz polimérica.

O espetrómetro FTIR (Infravermelho com Transformada de Fourier) é um espetrómetro que obtém um espetro de infravermelhos recolhendo primeiro um interferograma de um sinal de amostra utilizando um interferómetro e, em seguida, executa uma Transformada de Fourier no interferograma para obter o espetro.

Um interferómetro é um instrumento que utiliza a técnica de sobreposição (interferência) de duas ou mais ondas, para detetar diferenças entre elas. O espetrómetro FTIR utiliza um interferómetro de Michelson.

A transformada de Fourier define uma relação entre um sinal no domínio do tempo e a sua representação no domínio da frequência. Sendo uma transformada, nenhuma informação é criada ou perdida no processo, pelo que o sinal original pode ser recuperado a partir da transformada de Fourier e vice-versa.

A Transformada de Fourier Contínua, para utilização em sinais contínuos, é definida da seguinte forma:

$$F(w) = \int_{-\infty}^{\infty} f(x)\, e^{(-2\pi w i x)}\, dx$$

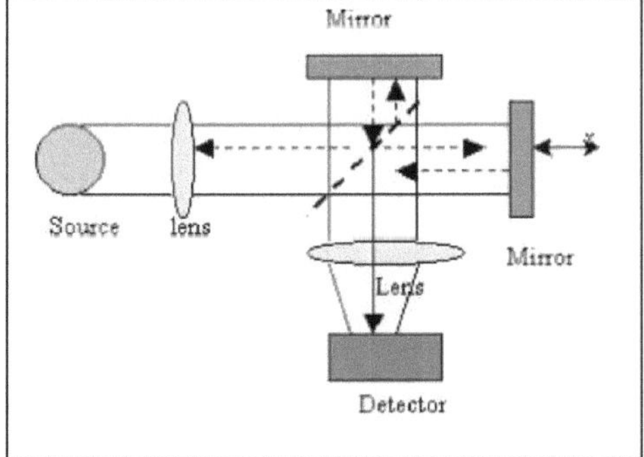

Figura 3.11 *Interpretação dos dados FTIR no interferrograma.*

E a Transformada de Fourier Contínua Inversa, que permite passar do espetro de volta ao sinal, é definida como:

$$f(x) = \int_{-\infty}^{\infty} F(w)\, e^{(2 \pi w i x)}\, dw$$

F(w) é o espetro, em que w representa a frequência, e f(x) é o sinal no tempo, em que x representa o tempo.

Capítulo 4 RESULTADOS E DISCUSSÃO

4.1 Espectros de infravermelhos com reflectância total atenuada e transformada de Fourier (ATR-FTIR):

Os espectros das fibras de areca não tratadas foram dominados pelos picos a 3600 cm^{-1} e 1040-1060 cm^{-1} que indicam as vibrações de estiramento de O-H e C-O, respetivamente. O pico a 1030 cm^{-1} refere-se a ligações cruzadas de éster e éter entre a celulose e a lenhina ou a celulose e a hemicelulose na fibra não tratada. Os picos observados entre 1100-1600 cm^{-1} mostram a presença de hemicelulose na fibra. O pico refere-se ao grupo álcool e éter da celulose. Após o tratamento com álcali e silano, ocorre hidrólise que quebra a ligação éster ou a ligação éter, resultando na ausência do pico de 1030 cm^{-1} tanto nas fibras de areca tratadas com álcali como nas fibras de areca tratadas com silano. Os picos observados entre 1100-1600 cm^{-1} mostram a presença de hemiceluloses na fibra de areca não tratada e o desaparecimento desses picos na fibra de areca tratada com álcali e silano indica a remoção das hemiceluloses da superfície da fibra.

Os espectros FTIR da fibra da folha de noz de bétele são apresentados na figura 4.1. O pico de vibração a 2300-2900 cm^{-1} , correspondente ao estiramento dos grupos alifáticos C-H, foi incluído em quase todas as fibras naturais. Este pico diminuiu devido à remoção das hemiceluloses [8]. É também claramente percetível que a banda em torno de 1600-730 cm^{-1} correspondente a componentes não celulósicos (pectina, lenhina e hemiceluloses) desapareceu, sugerindo a sua remoção da fibra quando esta foi tratada com uma solução de NaOH a 4%. O pico a 1650 cm^{-1} seria devido à presença de lignina [9]. A ausência deste pico na fibra tratada deve-se à remoção parcial da lenhina da superfície da fibra. Espera-se que o tratamento alcalino reduza a ligação de hidrogénio nos grupos hidroxilo da celulose através da remoção do grupo carboxilo [10]. Observámos um decréscimo da palheta relativa à ligação (OH) da celulose; este foi também o caso no pico em torno de 1033 cm^{-1} . Concluímos que o número de grupos hidroxilo (OH) diminuiu. Além disso, uma parte da lignina foi removida da fibra. Ambas as consequências estavam relacionadas com o efeito direto de um tratamento adequado da fibra de Bnl por solução de NaOH.

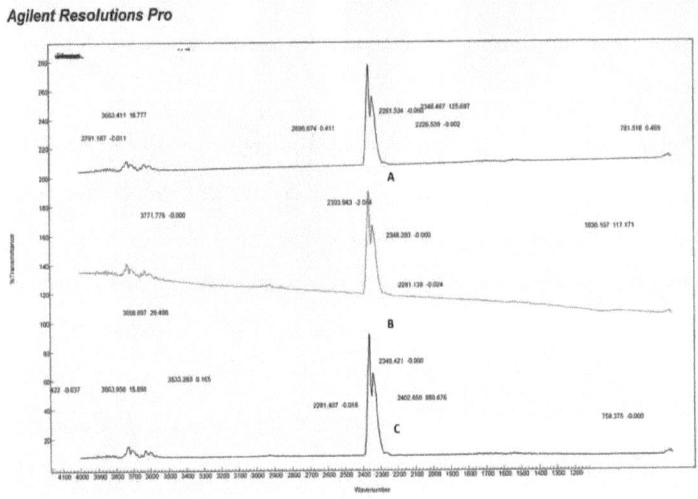

Figura 4.1 *Espectro FTIR da fibra de Bnl tratada com álcali, não tratada e tratada com silano*

Tabela 4.1 *Frequências de pico observadas na fibra de Bnl não tratada, tratada com álcali e tratada com silano*

Não tratado (cm)$^{-1}$	Tratada com álcali (cm)$^{-1}$	Tratada com silano (cm)$^{-1}$
3771	3791	3663
3658	3663	3533
2281	2281, 2226	2281
2348,2293	2348,2698	2348,2402
1650	desapareceu	desapareceu
1030	desapareceu	desapareceu
	781	758

As fibras de Bnl não tratadas, alcalinas (NaOH) e tratadas com silano foram investigadas por análise FTIR, como se mostra na Figura 4.1, do número de onda

4000 a 450 cm^{-1}. Os picos na região de 1030 cm^{-1} devem-se principalmente ao estiramento simétrico C-O-C e C-O do grupo hidroxilo primário e secundário na celulose, na lenhina e nas suas ligações glicosídicas.

As bandas de absorção características da fibra da folha de bétel ocorrem a 3533 cm^{-1} (estiramento de OH), 2698 cm^{-1} (estiramento de $_{CH2}$), 2348 cm^{-1} (estiramento de -OH), 2226 - 2402 cm^{-1} (estiramento de CO). [24].

Como se pode ver na figura 4.1, 781 cm^{-1} (flexão de C-H) e 758 cm^{-1} (flexão de OH) ocorrem de forma correspondente na fibra tratada. A presença de álcool na fibra não tratada resulta num pico a 1030 cm^{-1} que não será mostrado devido à remoção do grupo -OH dos álcoois em ambos os tratamentos com álcalis e silano.

O pico de vibração de estiramento C=O que mostra a presença de pectina é observado tanto na fibra tratada como na não tratada, mas os seus picos deslocam-se ligeiramente de 1735 cm^{-1} para 2348 cm^{-1} devido à ligação H intermolecular, que domina.

O pico próximo de 1654 cm -1 corresponde ao estiramento -C=O devido à presença de ácido carboxílico alifático na cadeia de celulose, e o pico é eliminado devido à remoção da lenhina e da pectina que contêm o grupo éster -C=O. A área do pico em torno de 1600 *cm-1* revela o teor de humidade absorvido na fibra.

Tabela 4.2 Atribuição de frequências puras (comunicadas) com as frequências observadas.

Atribuições de frequências puras correspondentes (modo vibracional)	Amostras com as respectivas frequências de absorção	
	Comunicado	Observado
Álcool, ligação éter alifático	1000-1300 cm^{-1}	1030 cm^{-1} (UT)
Vibração de estiramento C=O	1710-1735 cm^{-1}	2393, 2348 (UT)
Grupo hidroxilo (-OH) - concentração elevada		2698,2281 (ATF)
		2281,2348 (SITF)

	3200-3400 cm^{-1}	
Grupo hidroxilo (-OH) - baixa concentração		
	3610-3670 cm^{-1}	3771, 3658 (UT)
Vibração de estiramento do grupo hidroxilo do metileno (-OH).		3791,3663 (ATF)
		3663,3533 (SITF)
	3500cm^{-1}	3533 cm^{-1} (SITF)
Estiramento do metileno (C-H)		
	2650-2920 cm^{-1}	2698 cm^{-1} (ATF)

A modificação da superfície da fibra de Bnl mostra a ausência de picos característicos a 1643 e 1156 cm^{-1} . Este facto deve-se à decomposição da hemicelulose e à lixiviação parcial da lenhina pelo hidróxido de sódio [17]. O desaparecimento do pico a 1643 cm^{-1} deve-se à dissolução de uma parte do ácido urónico, um constituinte das hemiceluloses xilanas. A deslocação do pico de 2900 cm^{-1} para 2698 cm^{-1} indica a participação de alguns grupos hidroxilo livres na reação química.

4.2 Calorimetria Exploratória Diferencial (DSC)

A análise DSC das três amostras é efectuada utilizando a calorimetria diferencial de varrimento, aquecendo a amostra a 10 °C/minuto de 50 °C a 250 °C em árgon num analisador térmico (Perkin Elmer). Os gráficos são apresentados na figura 4.2. As curvas DSC na Figura 1 mostram picos de fusão endotérmica a 163,78°C para o PP.

Os compósitos de PP/biofibra têm um pico de fusão a cerca de 164,62°C, indicando a miscibilidade da biofibra e do PP. Os bio-compósitos não tratados mostram uma diminuição do ponto de fusão para 163,53°C, enquanto o ponto de fusão do PP permanece em torno de 166°C.

Quantidades decrescentes de PP deram origem a entalpias de fusão decrescentes (Tabela 1). Este facto era de esperar, uma vez que as entalpias de fusão estão relacionadas com as quantidades de polímero na amostra e, uma vez que as quantidades de polímero diminuem com o aumento do teor de carga na amostra, os tamanhos dos picos de fusão e as entalpias relacionadas devem diminuir de forma correspondente. É, no entanto, possível que a presença de carga sólida possa influenciar o comportamento de cristalização de um ou ambos os polímeros, e foi decidido comparar os valores de entalpia observados experimentalmente com os valores de entalpia calculados. Estes valores foram calculados assumindo que os compósitos eram completamente homogéneos.

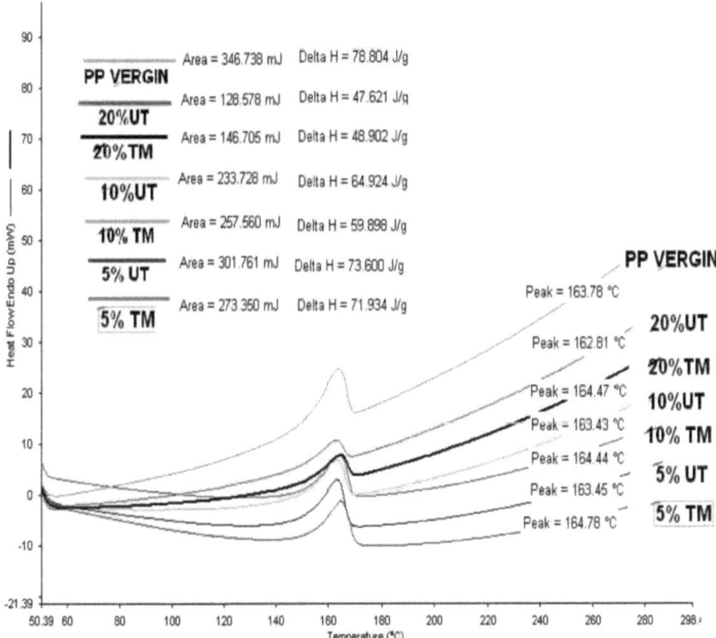

Figura 4.2 *Curvas de aquecimento DSC do polímero virgem (PP), compósitos com diferentes percentagens de carga.*

Tabela 4.3 *Resultados da fusão por DSC dos compósitos de PP virgem e fibra de Bnl com diferentes cargas*

Carregamento de bio-compósitos	Pico (Tm) °C	Área sob a curva de fusão (mJ)	Derretimento Entalpia (ΔHm) J/g

(%)			
5% UT	163.45	301.761	73.600
10% UT	163.43	233.72	64.924
15% UT	164.45	246.37	57.295
20% UT	162.81	128.578	47.621
5% TM	164.78	273.350	71.934
10% TM	164.44	257.560	59.898
15% TM	164.79	191.295	53.138
20% TM	164.47	146.705	48.902
PP VIRGEM	163.78	346.738	78.804

No entanto, verificou-se que a incorporação de fibras no bio-compósito alterava ligeiramente o comportamento de fusão do sistema. A temperatura de fusão do PP foi alterada no bio-compósito, como se mostra na Fig. 6, em comparação com a temperatura de fusão do PP puro, que foi de 163,78°C.

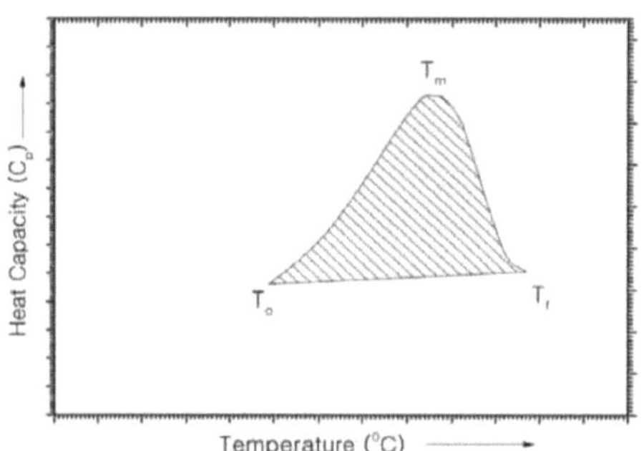

Figura.4.3 *Representação esquemática da entalpia de fusão Hf(To-Tf) entre a temperatura To e Tf nas endotermas DSC.*

Uma linha de base linear arbitrária traçada da temperatura To até Tf para calcular a área sob a curva. A percentagem de cristalinidade é então determinada utilizando a seguinte equação:

% Cristalinidade = [ΔHm - ΔHc / ΔHm°] x 100%

Nesta equação, os calores de fusão e de cristalização a frio estão em termos de J/g. O termo $\Delta Hm°$ é um valor de referência e representa o calor de fusão se o polímero fosse 100% cristalino. É 207,1 para o material PP.

4.3 Ensaio de tração

As propriedades de tração, tais como a resistência à tração e o alongamento na rutura (Eb) dos compósitos de PP com fibra de noz de bétele contendo 5%, 10%, 15% e 20% de Bnl como carga, foram medidas e os resultados são apresentados na Figura 4.4, respetivamente. Observa-se que com um aumento do teor de carga de 5% para 10%, a resistência à tração diminuiu gradualmente para o tratado, mas a resistência à tração dos compósitos diminuiu com o aumento da carga de carga por fração de 5% para 10% wt/wt). e depois um aumento abrupto em 15% no não tratado, o que pode ser devido à falta de transferência de tensão da matriz PP para a carga Bnl.

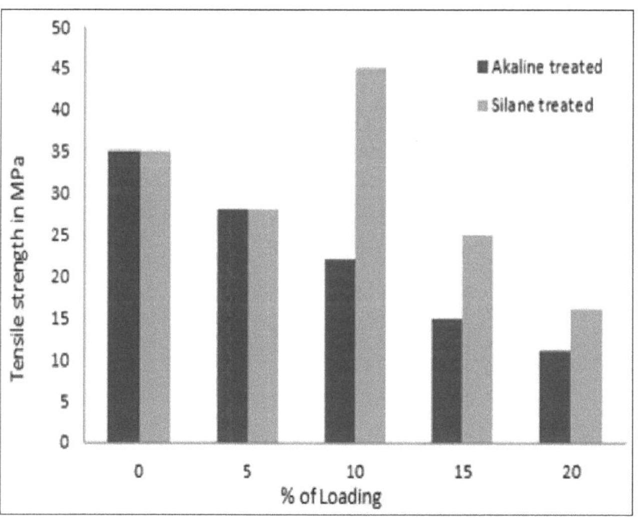

Figura 4.4 *Dados da resistência à tração ao escoamento do biocompósito não tratado e tratado com diferentes percentagens de carga*

O alongamento na rotura do compósito mostra uma tendência semelhante à mostrada para a amostra do compósito 10% BNL para o desempenho da resistência à tração e o alongamento máximo na rotura. Um aumento do alongamento na rotura dos compósitos aumenta a resistência e a ductilidade do compósito [18].

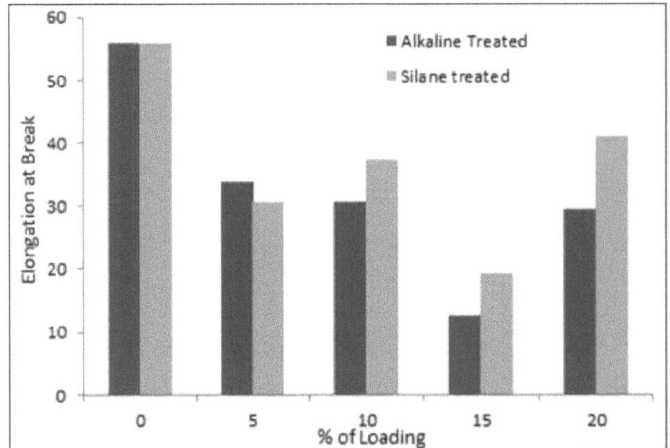

4.5 Comparação da % de alongamento na rotura dos compósitos biológicos tratados/não tratados.

O compósito pode estar presente como adesão físico-mecânica moderada (mais conhecida como inter-difusão que permite um tipo de ligação entre duas superfícies de polímeros através da difusão das macromoléculas de ambos os polímeros.

4.4 Resistência à flexão

Foram obtidos resultados de ensaios de flexão para o compósito de PP reciclado reforçado com fibra de areca. Os testes foram realizados para investigar o efeito da carga de fibra e do tratamento alcalino na capacidade de carga flexural da fibra de areca reforçada com matriz de PP reciclado.

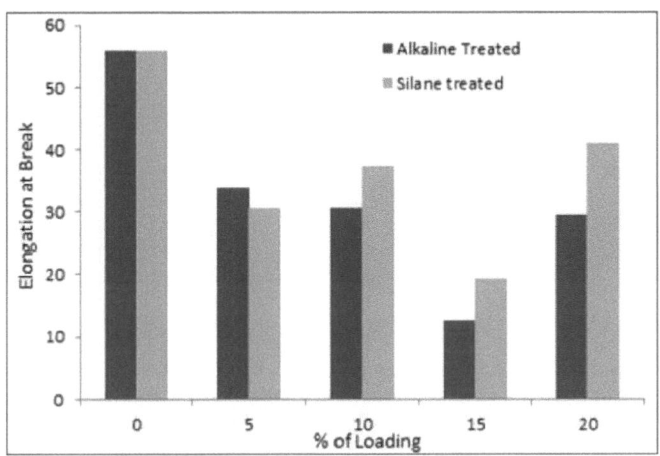

Figura 4.6 Resistência à flexão dos biocompósitos tratados com alcalino e com silano.

Os resultados mostram que a resistência à flexão é mais elevada para o compósito tratado a 10%, ao passo que mostra uma diminuição gradual da resistência à flexão com o aumento da percentagem de carga.

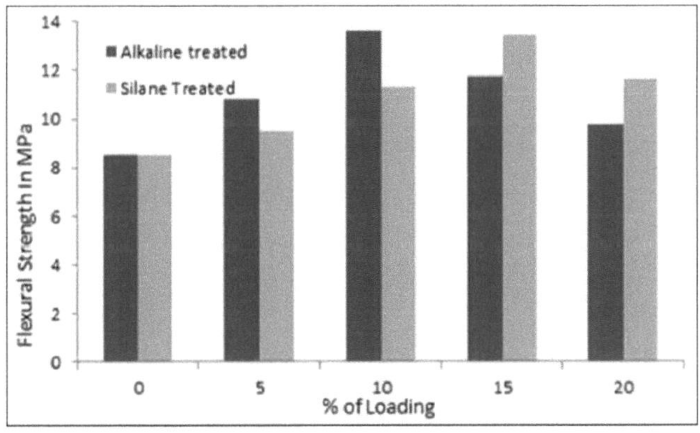

Figura 4.7 *Módulos de flexão dos biocompósitos tratados com alcalino e com silano.*

Mas as fórmulas de flexão mostram um resultado anómalo que mostra o valor mais elevado em 20% de carga. Apresenta um valor moderado tanto no compósito tratado a 10% como a 15%. O polímero virgem apresenta um valor mais baixo do que o compósito com a percentagem de carga.

41

A resistência à flexão é mais elevada para 15% de carga, enquanto 5% e 10% apresentam valores moderados [fig. 4.7]. As fórmulas de flexão aumentam gradualmente com o aumento da carga e são mais elevadas para 20% de carga,

& mostra o valor mais elevado em 20% UT. A resistência à flexão e o valor das fórmulas é menor no polímero virgem.

Quando comparado com o tratamento e a ausência de tratamento, a resistência à flexão é mais elevada no compósito tratado a 10%. O aumento da resistência à flexão é mais elevado no compósito tratado a 10% do que noutras cargas, pelo que a carga de 10% para o compósito mostra o resultado mais eficiente no tratamento com silano [figura 4.8].

No caso das módulos de flexão, também se observa um padrão semelhante. O maior aumento das fórmulas de flexão ocorre com 10% de carga no tratamento com silano.

A resistência à flexão dos compósitos reforçados com fibras depende da natureza do material da matriz e da distribuição e orientação das fibras de reforço, bem como da natureza das interfaces fibra-matriz e da região interfase. Mesmo uma pequena alteração na natureza física da fibra para uma dada matriz resulta em alterações proeminentes nas propriedades mecânicas globais dos compósitos. É bem sabido que a adição de fibras hidrofílicas a diferentes polímeros permite obter diferentes graus de efeitos de reforço. Este facto pode dever-se à diferente força de adesão entre a matriz e as fibras.

4.5 Resistência à compressão

A resistência à compressão é um fator importante a considerar quando é necessária estabilidade estrutural. Como um dos objectivos deste estudo é utilizar este compósito em aplicações estruturais, é necessário medir a resistência à compressão para avaliação.

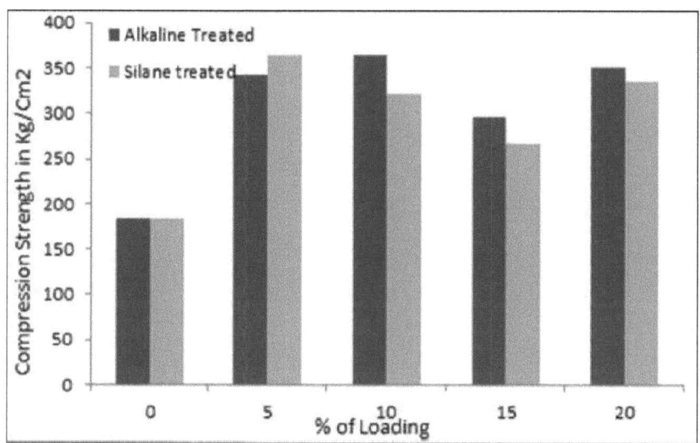

Figura 4.8 *Dados de comparação da resistência à compressão para o compósito tratado e não tratado*

A partir do gráfico traçado, o compósito de fibra de Bnl não tratada mostra uma tendência decrescente na resistência à compressão com o aumento da carga, até 15%, mas aumenta subitamente com 20% de carga, o que pode ser devido a uma melhor embalagem das fibras, o que resulta numa melhor resistência à compressão.

O aumento do teor de fibras aumenta a parte amorfa e aumenta o espaço livre entre as cadeias poliméricas, o que proporciona um melhor movimento da cadeia e uma mudança de dimensão mais dinâmica que aumenta a resistência à compressão. O polímero virgem apresenta menor resistência à compressão do que os compósitos. No compósito tratado, 10% e 20% de carga mostram uma melhor resistência à compressão com um valor de ensaio moderado, o que pode ser devido a uma melhor ligação interfacial entre as fibras e a matriz, o que confere uma melhor transferência de tensão através do compósito.

4.6 Dureza Rockwell

A dureza Rockwell *é uma medição da resistência à penetração, indentação, arranhões e deformação da superfície.* É basicamente medida para a durabilidade da superfície de compósitos e plásticos.

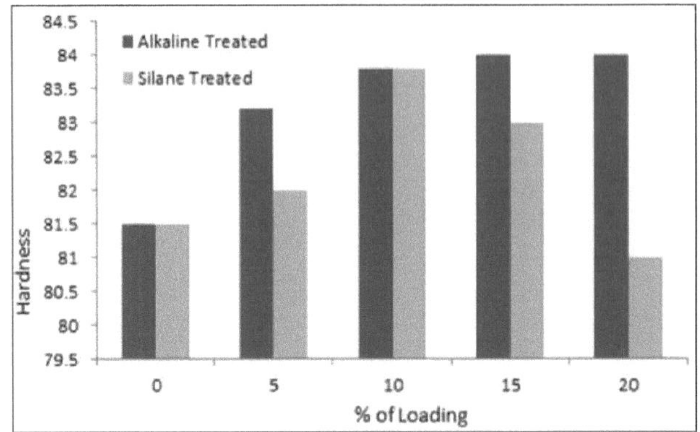

Figura 4.8 *Dados de comparação da dureza do compósito tratado e não tratado*

Como mostra o gráfico, inicialmente aumenta marginalmente com a percentagem de carga de fibra até 10%, tanto no compósito tratado como no não tratado, e diminui gradualmente com o aumento da percentagem de carga.

À medida que a percentagem de carga aumenta, a rigidez da superfície aumenta devido à diminuição da percentagem de plástico de natureza visco-elástica e, uma vez que a dureza mede a propriedade visco-elástica não recuperável, a tendência geral deve ser com o aumento da percentagem de carga, a dureza também aumenta. Aqui também esta tendência é seguida tanto no compósito tratado como no não tratado, com uma exceção de 15% no compósito tratado. Isto pode dever-se à falta de dispersão adequada da fibra na matriz do compósito, o que pode conferir uma melhor propriedade viscoelástica com uma diminuição da dureza.

4.7 Resistência ao impacto Izod

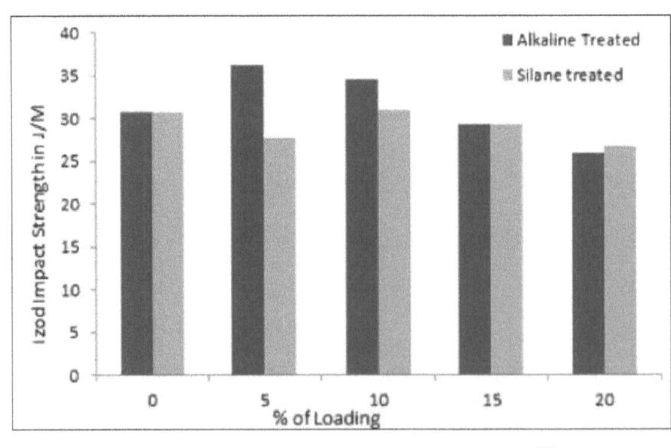

Figura 4.9 *Dados de comparação da resistência ao impacto Izod para o compósito tratado e não tratado*

A resistência ao impacto é definida como a capacidade de um material resistir à fratura sob tensão aplicada a alta velocidade. As propriedades de impacto dos materiais compósitos estão diretamente relacionadas com a sua tenacidade global. A Fig. 4.11 mostra a influência do tratamento alcalino, de diferentes materiais de matriz e da carga de fibra na resistência ao impacto Izod dos compósitos de fibra de areca. A Fig. 2 mostra a variação da resistência ao impacto dos compósitos de areca no ensaio de impacto Izod.

A diminuição percentual da capacidade de absorção de energia dos compósitos com o aumento da carga de fibras é de 36%, 34%, 29% e 25% para as fibras não tratadas e 30%, 29% e 26% para as fibras tratadas, respetivamente. Do mesmo modo, verifica-se que, com o aumento do teor de fibras no compósito, a absorção de energia melhora inicialmente, mas depois diminui gradualmente com o aumento da carga no caso dos compósitos tratados.

Ao considerar a resistência ao impacto dos compósitos, como se mostra na Figura, observa-se uma tendência crescente com o aumento do teor de fibras Bnl de 10% para 20%, seguida de uma tendência decrescente. Prevê-se que, à medida que o tamanho da carga se torna mais pequeno, uma maior interação entre a carga e a matriz pode resultar numa melhor e mais eficiente transferência de tensões, o que, por sua vez, pode aumentar a resistência ao impacto do compósito [21]. O teor ótimo de carga varia em função da natureza da carga e da matriz, da relação de aspeto da carga, da adesão interfacial carga/matriz, etc. O baixo valor com um teor de carga elevado pode dever-se à presença de muitas extremidades de carga nos compósitos, o que pode causar o início de fissuras e, consequentemente, uma potencial falha do compósito. Tendo em conta os resultados acima referidos, verifica-se que o compósito com um teor de 10% de Bnl apresenta um melhor comportamento mecânico.

4.8 Teste de absorção de água

Foram utilizados espécimes em forma de haltere para a medição da absorção de água. Depois de serem secos no forno a 75°C durante 24 horas, os espécimes foram mantidos nos exsicadores à temperatura ambiente.

Em seguida, os espécimes foram pesados antes de serem imersos em água destilada. A massa da amostra foi registada antes da imersão. As amostras foram periodicamente retiradas da água, secas à superfície com papel absorvente, novamente pesadas e imediatamente colocadas de novo na água. A absorção de água foi avaliada de acordo com a norma **ASTM D 750-99**.

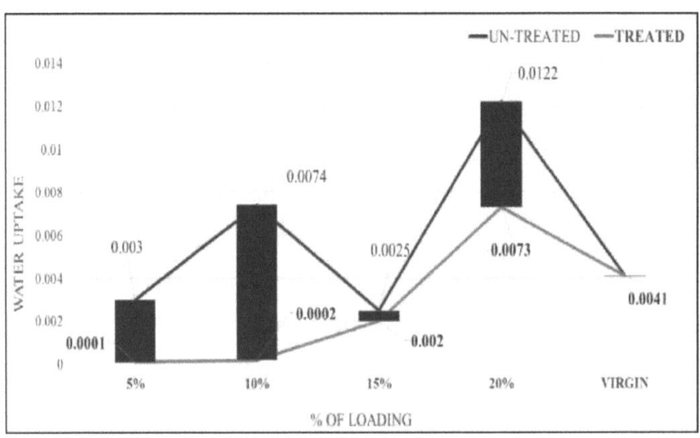

Figura 4.10 *Comparação da absorção de água do compósito não tratado e do compósito tratado após 2 horas à temperatura ambiente*

As amostras compósitas foram primeiro secas por aquecimento em estufa a 50°C durante 24 horas, depois arrefecidas até à temperatura mais próxima de 0,001g. Após 2 horas de teste de imersão, observa-se que os compósitos não tratados absorvem uma grande quantidade de água do que os tratados. A diminuição mais eficiente (para amostras tratadas) na absorção de água é observada para o rácio 10% Bnl.

A absorção de água das amostras é observada periodicamente à medida que as amostras são retiradas da água, secas à superfície com papel absorvente e o peso é medido. Este procedimento é efectuado a um intervalo regular de 24 horas, por exemplo, 24 horas, 48 horas, 72 horas, etc.

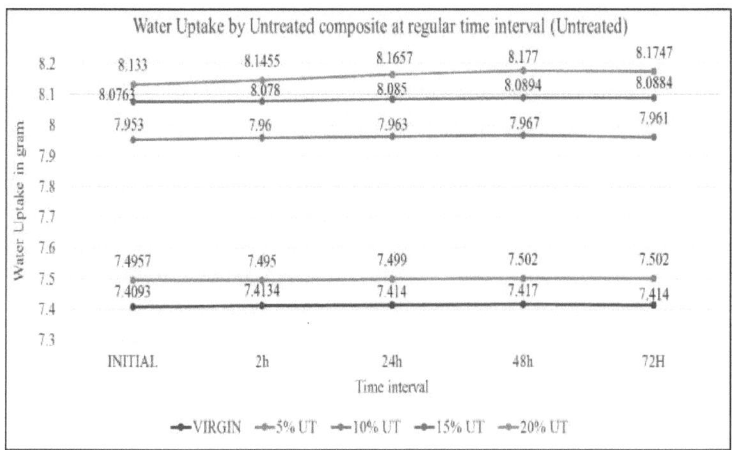

Figura 4.11 *Comparação da absorção de água do compósito não tratado em intervalos de tempo regulares à temperatura ambiente*

Observa-se que o peso das amostras aumenta gradualmente até 48h, e depois diminui subitamente quando medido às 72h, o que se deve ao inchaço da água pelo composto celulósico, que provoca a solubilidade dos compostos celulósicos e não celulósicos por ligação de hidrogénio com grupos -OH da água e dos compostos celulósicos.

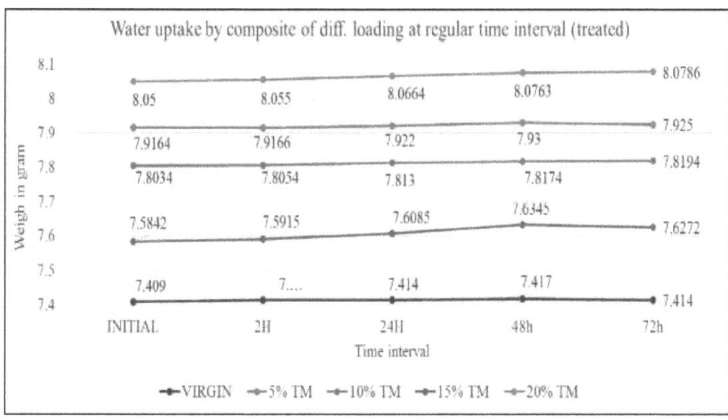

Figura 4.15 *Comparação da absorção de água do compósito tratado em intervalos de tempo regulares à temperatura ambiente.*

Observa-se no gráfico que, com o aumento da percentagem de carga de fibra, a capacidade de absorção de água aumenta gradualmente, embora seja marginal, o que se deve à maior natureza hidrofílica da fibra celulósica, que absorve mais água.

4.9 Ensaio de biodegradação do solo enterrado

A celulose tem tendência para se degradar quando enterrada no solo (com pelo menos 25% de humidade). Para este efeito, as amostras compósitas foram pesadas individualmente e enterradas no solo durante 1-4 semanas. Em seguida, as amostras foram cuidadosamente retiradas, lavadas com água destilada e secas a 105 °C durante 20 minutos e mantidas durante 24 horas, sendo depois registado o seu peso. Finalmente, calcula-se a perda de peso das várias amostras degradadas. Foram utilizadas três réplicas de espécimes e duas foram utilizadas para medir a resistência à tração.

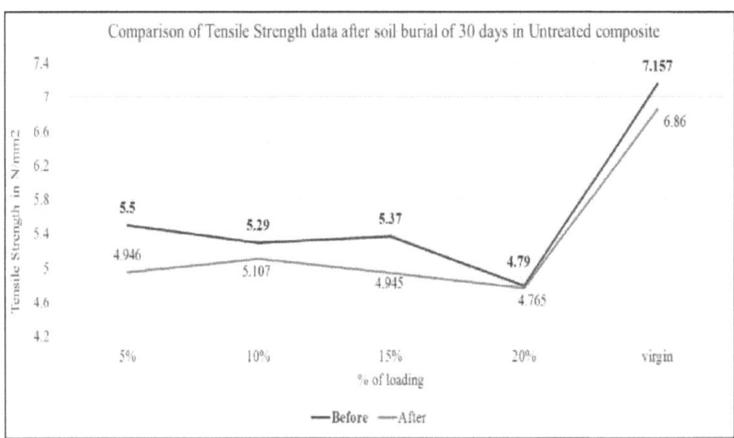

Figura 4.13 *Comparação dos dados de resistência à tração após enterramento no solo durante 30 dias no compósito não tratado.*

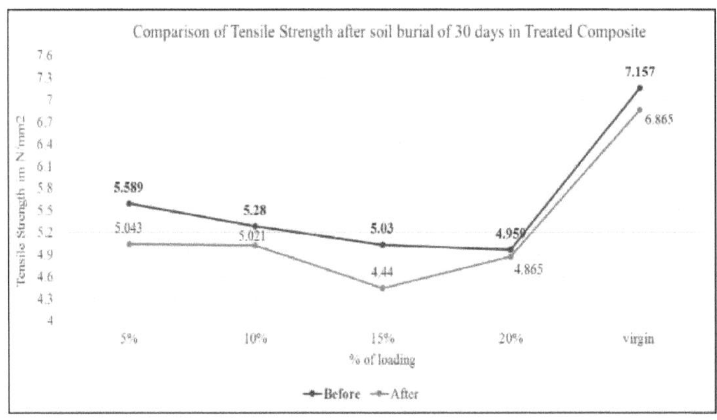

Figura 4.14 *Comparação dos dados de resistência à tração após enterramento do solo durante 30 dias no compósito tratado.*

Observa-se uma tendência geral para a diminuição das propriedades mecânicas, por exemplo, da resistência à tração, que é mais proeminente na carga de 15%, tanto no compósito tratado como no não tratado. Isto deve-se possivelmente à concentração óptima de fibra de Bnl em 15%, que é mais propensa à degradação quando enterrada devido aos seus componentes celulósicos. Noutros casos, por exemplo, 20% mostra uma menor diminuição da resistência à tração, o que pode dever-se a um maior empacotamento das fibras, que resistem à ação dos micróbios e à degradação.

Capítulo 5 CONCLUSÕES

As fibras naturais podem ser utilizadas para reforçar matrizes termoendurecíveis e termoplásticas. As resinas termoendurecíveis, tais como epóxi, poliéster, poliuretano, fenólicas, etc., são atualmente utilizadas com frequência em compósitos de fibras naturais, nos quais os compósitos requerem aplicações de desempenho mais elevado. Proporcionam propriedades mecânicas suficientes, em particular rigidez e resistência, a preços aceitavelmente baixos. Considerando os aspectos ecológicos da seleção de materiais, a substituição de fibras sintéticas por fibras naturais é apenas um primeiro passo. A limitação da emissão de gases causadores do efeito de estufa, como o CO_2, para a atmosfera e uma consciência crescente da finitude dos recursos energéticos fósseis estão a levar ao desenvolvimento de novos materiais inteiramente baseados em recursos renováveis.

Devido a questões ambientais e de sustentabilidade, este século testemunhou realizações notáveis na tecnologia verde no domínio da ciência dos materiais através do desenvolvimento de biocompósitos. O desenvolvimento de materiais de elevado desempenho feitos a partir de recursos naturais está a aumentar em todo o mundo. O maior desafio no trabalho com compósitos plásticos reforçados com fibras naturais é a grande variação das suas propriedades e características.

As propriedades dos bio-compósitos são influenciadas por uma série de variáveis, incluindo o tipo de fibra, as condições ambientais (onde as fibras vegetais são obtidas), os métodos de processamento e qualquer modificação da fibra. Sabe-se também que, recentemente, tem havido um aumento do interesse nas aplicações industriais de compósitos que contêm biofibras reforçadas com biopolímeros. Os biopolímeros registaram um enorme aumento na sua utilização como matriz para compósitos reforçados com biofibras.

5.1 COMPÓSITOS VERDES (ECO):

Estão atualmente a ser desenvolvidos esforços de investigação para desenvolver uma nova classe de compósitos "verdes" totalmente biodegradáveis, combinando fibras (naturais/biológicas) com resinas biodegradáveis. Os principais atractivos dos compósitos verdes são o facto de serem amigos do ambiente, totalmente degradáveis e sustentáveis, ou seja, são verdadeiramente verdes em todos os sentidos. No final da sua vida útil, podem ser facilmente eliminados ou compostos sem prejudicar o ambiente.

Os resultados apresentados neste trabalho indicam que é possível melhorar as propriedades dos compósitos reforçados com fibras através da modificação da superfície das fibras. Os compósitos baseados na superfície modificada das fibras têm, em geral, propriedades mecânicas superiores às dos compósitos que contêm fibras não modificadas, o que resulta numa melhor adesão. Assim, com base na disponibilidade, no baixo custo e na boa resistência dos compósitos de fibra de areca investigados no presente estudo, estes compósitos podem certamente ser considerados como um material muito promissor para o fabrico de materiais leves utilizados na produção de carroçarias de automóveis, mobiliário de escritório, indústria de embalagens, painéis divisórios, etc., em comparação com os contraplacados ou painéis de partículas convencionais à base de madeira.

5.2 Vantagens dos compósitos de fibras naturais

As principais vantagens do compósito de fibra natural são:

□ Baixo peso específico, resultando numa resistência e rigidez específicas mais elevadas do que a fibra de vidro.

□ É uma fonte renovável, a produção requer pouca energia e o CO_2 é utilizado enquanto o oxigénio é devolvido ao ambiente.

As razões para a aplicação de fibras naturais na indústria automóvel incluem:

□ Baixa densidade

□ Propriedades mecânicas aceitáveis, boas propriedades acústicas.

□ Propriedades de processamento favoráveis, por exemplo, baixo desgaste das ferramentas, etc.

□ Pode ser produzido com baixo investimento e a baixo custo, o que torna o material um produto interessante para países com baixos salários.

□ Redução do desgaste das ferramentas, condições de trabalho mais saudáveis e ausência de irritação da pele.

□ A reciclagem térmica é possível, enquanto o vidro causa problemas nos fornos de combustão.

□ Boas propriedades de isolamento térmico e acústico

5.3 Aplicações dos compósitos de fibras naturais

Os compósitos de fibras naturais podem ser materiais muito económicos para as seguintes aplicações:

□ **Indústria da construção civil**: painéis para divisórias e tectos falsos, placas divisórias, paredes, pavimentos, caixilhos de janelas e portas, telhas, edifícios móveis ou pré-fabricados que podem ser utilizados em caso de calamidades naturais como inundações, ciclones, terramotos, etc.

□ **Dispositivos de armazenamento**: caixas postais, silos de armazenamento de cereais, contentores de biogás, etc.

□ **Mobiliário**: cadeira, mesa, duche, banheiras, etc.

□ **Dispositivos eléctricos**: aparelhos eléctricos, tubos, etc.

□ **Aplicações quotidianas**: abajures, malas, capacetes, etc.

□ **Transportes**: automóvel e carruagem ferroviária interior, barco, etc.

5.4 Perspectivas futuras

O principal objetivo deste estudo visa uma solução de baixo custo para a vida quotidiana. A aplicação está orientada para necessidades económicas, mas robustas, como

■ Pode ser utilizado no mercado de produtos **de embalagem rígida** (não comestível).

- Aplicação imediata e fácil na **embalagem de plantas e flores**.

- Pode ser utilizado **para eliminar**, por exemplo, chávenas, pires e talheres.

- Pode ser utilizado em **substituição de madeiras.**

- **Diferentes tipos de aplicações estruturais.**

O objetivo é alcançado com sucesso porque o compósito produzido a um custo muito razoável apresenta boas propriedades mecânicas, o que é particularmente adequado para aplicações como as acima mencionadas.

Assim, podemos obter uma verdadeira alternativa ao plástico sintético a bom preço, utilizando uma fonte abundante de resíduos naturais e diminuindo a dependência do plástico à base de petróleo, cuja fonte se está a esgotar gradualmente e que também causa problemas ambientais quando eliminado.

Conclusão final da tese:

O tratamento químico pode reduzir a hidrofilicidade da fibra para diminuir os grupos hidroxilo das fibras e melhorar o acoplamento entre a fibra da bainha da folha tratada e o PP reciclado, o que melhorou a adesão interfacial, aumentando assim as propriedades mecânicas. A resistência à tração foi reduzida para os biocompósitos quando comparada com o polipropileno reciclado. Neste estudo, os benefícios são considerados de um ponto de vista económico, ecológico e técnico para várias partes da sociedade. Será uma forma alternativa de desenvolver os Biocompósitos que podem ser utilizados especialmente para as necessidades diárias das pessoas comuns, quer se trate de mobiliário doméstico, casas, vedações, decks, pavimentos e componentes de automóveis leves ou equipamento desportivo. A eliminação de resíduos está a tornar-se cada vez mais importante com o reconhecimento de que a deposição em aterro não é sustentável e, como tal, os custos estão a aumentar, sendo colocada uma maior responsabilidade nos produtores. Estes biocompósitos de baixo custo, fácil disponibilidade e design estético serão a principal força motriz para transformar o presente dependente num futuro sustentável. É provável que estes tipos de biocompósitos venham a registar um período de crescimento sustentado.

Capítulo 6 REFERÊNCIAS

1. B.R. Guduri, A.V. Rajulu, A.S. Luyt. *Efeitos do tratamento alcalino nas propriedades de flexão de compósitos de tecido de Hildegardia.* **Journal of Applied Polymer Science 2006**; 102:1297[-1] 302. *DOI: 10.1002/app.23522*

2. P.A. Fowler, J.M. Hughes, R.M. Elias. *Bio-composite: tecnologia, credenciais ambientais e forças de mercado.* **Journal of the Science of Food and Agriculture 2006**; 86:1781[-1] 789.

3. A.K. Mohanty, M. Misra, L.T. Drzal. *Biocompósitos sustentáveis a partir de recursos renováveis: Opportunities and challenges in the green material world.* **Journal of Polymers and the Environment 2002**; 10:19-26. *DOI: 10.1023/A.1021013921916*

4. W. Liu, A.K. Mohanty, L.T. Drzal, M. Misra. *Novo biocompósito de erva nativa e bioplástico à base de soja: Avaliação do processamento e das propriedades.* **Industrial & Engineering Chemistry Research 2005**; 44:7105-7112.

DOI: 10.102/ie050257.

5. L. Avérous, N. Boquillon. *Bio-compósito baseado em amido plastificado: comportamentos térmicos e mecânicos. Carbohydrate Polymers* 2004; 56:111[-1] 22. *DOI:*

10.1016/j.carbpol.2003.11.015.

6. G. Mehta, A.K. Mohanty, M. Misra, L.T. Drzal. *Biobased resin as a toughening agent for bio-composite.* ***Green Chemistry* 2004**; 6:254-258. *DOI: 10.1039/b316658a.*

7. G. Mehta, L.T. Drzal, A.K. Mohanty, M. Misra. *Effect of fibre surface treatment on the properties of bio-composite from nonwoven industrial hemp fibre mats and unsaturated polyester resin.* **Journal of Applied Polymer Science 2006; 99:1055-1068.** *DOI: 10.1002/app.22620.*

8. S. Taj, M.A. Munawar, S. Khan. *Compósitos de polímeros reforçados com fibras*

naturais. Actas da Academia de Ciências do Paquistão **2007; 44:129**[-1] **42.**

9. M. Abdelmouleh, S. Boufi, M.N. Belgacem, A.P. Duarte, A.B. Salah, A. Gandini. *Modificação de fibras celulósicas com silanos funcionalizados: Efeito do tratamento da fibra no desempenho mecânico de compósitos de celulose-thermoset.* **Journal of Applied Polymer Science 2005**; 98:974-984. *DOI: 10.1002/app.22133.*

10. Y. Xie, C.A.S. Hill, Z. Xiao, H. Militz, C. Mai. *Agentes de acoplamento de silano utilizados em compósitos de fibra natural/polímero.* Composites **Part A 2010; 41:806-819.**

11. N.A. Ibrahim, K.A. Hadithon, K. Abdan. *Efeito do tratamento das fibras nas propriedades mecânicas dos compósitos kenaf-Ecoflex.* **Journal of Reinforced Plastics and Composites** 2010; 29:2921-2198. *DOI: 10.1177/0731684409347592.*

12. A.M. Mohd Edeerozey, H. Md Akil, A.B. Azhar, M.I. Zainal Ariffin. *Modificação química de fibras de kenaf.* Materials Letters 2007; 61:2023-2025. *DOI: 10.1016/j.matlet.2006.08.006.*

13. W. Liu, A.K. Mohanty, P.A. L.T. Drzal, M. Misra. *Influência do tratamento da superfície da fibra nas propriedades do biocompósito à base de proteína de soja reforçado com fibra de erva indiana.* **Polymer 200**; 45:7589-7596. *DOI: 10.1016/j.polymer.2004.09.009*

14. X. Li, L.G. Tabil, S. Panigrahi. *Chemical treatments of natural fibre for use in natural fibre-reinforced composites (Tratamentos químicos de fibras naturais para utilização em compósitos reforçados com fibras naturais).* **Journal of Polymers and the Environment 2007**; 15:2533. *DOI: 10.1007/s10924-006-0042-3*

15. A.K. Mohanty, M. Misra, L.T. Drza. Modificação da superfície de fibras naturais e desempenho do biocompósito resultante. **Composite Interfaces 2001**; 8:313-343. *DOI:10.1163/156855401753255422*

16. E.T.N. Bisanda, M.P. Ansell. *The effect of silane treatment on the mechanical and physical properties of sisal-epoxy composites.* **Composites Science and Technology** 1991; 41:165[-1] 78. *DOI: 10.1016/0266-3538(91)90026-L.*

17. *Preparação e Caracterização de Bio-Compósito de Fibra Natural/Poliéster.* por THABANG HENDRICA MOKHOTHU (B.Sc. Hons.) . Departamento de Química, Faculdade de Ciências Naturais e Agrícolas da UNIVERIDADE DO ESTADO LIVRE (QWAQWA CAMPUS) *datado de 7 de dezembro de 2010.*

18. *Fibra natural de areca: Modificação da Superfície e Estudos Espectrais* Dhanalakshmi Sampathkumar1,2, Ramadevi Punyamurthy1,2, Basavaraju Bennehalli3*, Raghu Patel Ranganagowda3, Srinivasa Chikkol Venkateshappa4, Departamento de Química, Instituto de Engenharia e Tecnologia de Alva, Mijar-574225, Karnataka, Índia. **ISSN 2321-807X.**

19. *Biocompósitos e misturas de polímeros reforçados com fibras naturais: Síntese, Caracterização e Aplicações.* S. U. Choudhury1, S. B. Hazarika1, A.H.Barbhuiya2, B. C. Ray3.

20. *Modificação da superfície e propriedades micromecânicas de compósitos de polipropileno reforçados com tapete de fibra de juta X. Y.* Liu*, *G. C. Dai* ,State-Key Laboratory of Chemical Engineering, East China University of Science and Technology, 130 Meilong Road, Shanghai 200237, **P. R. China eXPRESS Polymer Letters Vol.1, No.5 (2007) 299-307 Disponível online em** www.expresspolymlett.com *DOI: 10.3144/expresspolymlett.2007.43*

21. *Fabrico e desempenho de compósitos híbridos de fibra curta de noz de bétele (Areca catechu) / Agavaceae cilíndrica de Sansevieria)* Dr.G. RAMACHANDRA REDDY 1, Dr. M. ASHOK KUMAR 2 K.V.P.CHAKRADHAR 3. *Recebido em 10 de junho de 2011; aceite em 27 de junho de 2011.*

22. *Análise Espectroscópica da Modificação Química de Fibras de Celulose.* Norma Aurea Rangel-Vâzquez1 e Timoteo Leal- Garcia2. *J. Mex. Chem. Soc.* **2010,** *54(4),* 192^{-1} 97 © 2010,

Sociedad Quimica de México, ISSN 1870-249X, *Recebido em 10 de março de 2010; aceite em 30 de julho de 2010.*

23. E.T.N. Bisanda, M.P. Ansell. *The effect of silane treatment on the mechanical*

and physical properties of sisal-epoxy composites. **Composites Science and Technology 1991**; 41:165^{-1} 78. **DOI: 10.1016/0266-3538(91)90026-L.**

24. A.M. Mohd Edeerozey, H. Md Akil, A.B. Azhar, M.I. Zainal Ariffin. *Modificação química de fibras de kenaf.* **Materials Letters 2007; 61:2023-2025.** **DOI: 10.1016/j.matlet.200**6.08.006

25. C. Pavithran, P.S. Mukherjee, M. Bramakumar, A.D. Damodaran. *Propriedades de impacto de compósitos de fibras naturais.* **Journal of Materials Science Letters 1987; 7:882-889** 10.1007/s10924-006-0042-3

26. Amash A, Zugenmaier P. Estudo sobre compósitos de polipropileno preenchidos com celulose e xilano. **Poly Bull. 1998;40:251-8.**

27. Mojumdar SC, Sain M, Prasad RC, Sun L, Venart JES. Selected thermoanalytical methods and their applications from medicine to construction. J **Therm Anal Calorim. 2007; 90:653-62.**

28. Ehrenstein GW, Riedel G, Trawiel P. Análise térmica de plásticos. Hanser: **Cincinnati; 2004.**

29. Dean JA. **The analytical chemistry handbook.** *New York: McGraw Hill Inc.;* **1995. p. 15.1.**

30. Pungor E. **Um guia prático para a análise de instrumentos.** *Florida: Boca Raton;* **1995. p. 181-91.**

31. Douglas S, Hollar FJ, Nieman T. Principles of instrumental analysis. 5th ed. McGraw-Hill: Nova Iorque; **1998. p. 905.**

32. Chew S, Sim A. In: 5th IPFA 95, Singapura; **1995. pp. 181-8.**

33. Harper D, Wolcott M. Interação entre o agente de acoplamento e os lubrificantes em compósitos de madeira-polipropileno. Composites A. **2004; 35:385-94.**

34. X. Li, L.G. Tabil, S. Panigrahi. *Chemical treatments of natural fibre for use in natural fibre-reinforced composites (Tratamentos químicos de fibras naturais para utilização em compósitos reforçados com fibras naturais).* **Journal of Polymers and** the Environment *2007; 15:2533.*

I want morebooks!

Buy your books fast and straightforward online - at one of world's fastest growing online book stores! Environmentally sound due to Print-on-Demand technologies.

Buy your books online at
www.morebooks.shop

Compre os seus livros mais rápido e diretamente na internet, em uma das livrarias on-line com o maior crescimento no mundo! Produção que protege o meio ambiente através das tecnologias de impressão sob demanda.

Compre os seus livros on-line em
www.morebooks.shop

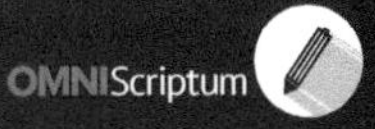